풍수 인테리어
운명을 바꾼다

풍수 인테리어
운명을 바꾼다

晟甫 안종선 지음
사진 제공 : 한글주택

중앙생활사

차례

3장

집안의 운을 좌우하는 방위별 풍수 인테리어

4장

건강과 재물을 가져오는 명당의 조건

5장

미리 알고 대비하는 흉가의 조건

6장

인생이 술술 풀리는 공간별 풍수 인테리어

7장

행복을 부르는 풍수 수납법

8장

좋은 운을 부르는 풍수 인테리어

9장

위기를 극복하는 컬러 풍수 인테리어

10장

부족한 기운을 채워주는 비보풍수 인테리어

프롤로그

우리 생활에서 '풍수風水'는 상당히 밀접하게 느껴지는 말입니다. 하지만 그러면서도 막상 풍수가 무엇을 의미하는지 자세히 알지는 못합니다. 때로는 내가 알고 있는 풍수에 관한 지식이 맞는 건지, 혹은 틀린 건지 헷갈리기도 합니다. 이렇듯 잘 알고 있는 듯하지만 사실 아무것도 모르는 것이 풍수입니다. 그러나 한 가지 틀림없는 건, 풍수는 우리 생활에 반드시 필요하다는 것입니다.

언제부터인지 방송 매체나 책을 통해 사회 전반으로 풍수지리에 대한 다양한 정보가 흘러나오고 있습니다. 하지만 무엇이 올바르고 무엇이 그릇된 정보인지도 알 수 없습니다. 무작정 따라해보기도 하지만 그것이 옳은 방식인지도 알 수 없습니다. 그렇다고 따라하면 좋다는 것을 하지 않으면 역시 뭔가 손해 보는 느낌입니다.

백인백색의 주장이 난립하는 가운데 실천하기란 쉽지 않은 일입니다. 따라서 도움이 되는 근간은 필요합니다. 쉽게 이해되고 적용할 수 있는 기준이 필요한 것입니다. 어쩌면 이것이 현대를 살아가며 풍수지리에 관심을 갖는 사람들의 공통된 생각일 것입니다.

풍수란 무엇인가? 너무 어렵게 생각할 필요는 없습니다. 우리가 일상에서 생활하고 적응하며, 생각하는 모든 것이 풍수지리의 범주 속에 있습니다. 풍수란 특별한 것이 아닌 문화적 측면에서 생각해야 합니다. '우리나라의 기후가 이러니 이런 집이 살기 좋고, 집 안에는 이런 가구를 배치하면 좋고, 이런 색을 집 안 곳곳에 활용하면 더욱 좋고…….' 등등 살아가며 편리함을 추구하는 학문이 바로 풍수지리인 것입니다.

색다른 것이 아닙니다. 이 땅에 살아온 수많은 사람들이 적용해서 이익을 본 것이고, 살아가면서 필요에 의해 만들어진 생활 학문입니다. 이러한 경험과학이 바로 풍수인 것입니다. 오랜 세월 사라지지 않고 살아남은 학문이니 문화라고 해도 결코 지나치지 않습니다.

풍수지리!

이제는 그것이 공공의 이익을 위해 사용되어지고 누구나 가볍게 접근하여 일상에서 쉽고 편하게 적용할 수 있는 기법이 필요합니다. 이에 따라 '풍수 인테리어'라고 부르는 방법들이 많이 나타나고 있는 추세입니다.

나는 이 책을 통해 누구나 생활 속에서 쉽게 적용 가능한 풍수지리의 방법을 제시하고자 합니다. 또한 그에 앞서 풍수지리의 이론적 배경을 약간 가미해 흥미를 가지도록 하였습니다.

풍수는 누구나 알고 있어야 하는 우리의 문화로 상식 이상의 것이 아니라 우리 생활 속에 있어야 합니다. 풍수지리의 여러 이법이나 적용 방법은 한정된 개개인이 아닌 누구에게나 공통으로 적용되는 것입니다. 누구에게는 어울리고 누구에게는 어울리지 않는 것이 아닙니다. 우리 모두에게 어울리는 문화이고, 보다 편한 삶을 살아가는 방법으로 인식되어야 합니다. 풍수지리라는 것은 단지 바라보고 지나치는 것이 아니라 내가 직접 사용하고 이익을 보는 것이라는 말입니다.

풍수지리는 늙지 않게 하는 불로초도 아니고, 모든 병을 고치는 만병통치도 아닙니다. 하지만 우리는 풍수지리를 통해 많은 것을 얻을 수 있습니다. 풍수지리는 예부터 사람이 편안하고 병을 줄이며 윤택하게 살기 위한 방법적인 측면으로 활용되어 왔습니다.

세상이 변한다고 해서 사람이 살아가는 방법이 근본적으로 변하거나 병이 사라지는 것은 아닙니다. 사람이 살아가는 동안에는 항시 부정적인 것과 긍정적인 것이 따라다니기 마련입니다. 풍수는 부정적인 것을 제어하거나 억압해 드러나지 않게 하고 긍정적인 것을 더욱 긍정적으로 드러날 수 있도록 도와줍니다.

이 책에 담긴 내용이 어떤 방법으로, 어떤 목적으로 적용되든 사람의 삶을 윤택하게 하고 행복하게 할 거라고 믿습니다. 그리고 그렇게 사용될 것이라고 믿습니다. 이 책에 쓰인 글자들이 하나의 개념이 되어 많은 사람에게 실질적으로 도움이 되었으면 하는 바람입니다.

轟轟軒에서 晟甫 안종선

1장

풍수 인테리어 기초부터 시작하기

풍수

풍수지리의 범위는 아주 넓고도 깊으니 광대무변廣大無邊이라고 할 만하다. 과거 도읍지나 개인의 집터, 성곽 축조, 공공건축물 건설, 궁궐 축조, 그리고 묘지 선정에 이르기까지 풍수지리가 음과 양으로 영향을 미쳤음이 다양한 연구와 자료를 통해 증명되었다. 현대사회에서는 대규모 산업단지, 도시 건축, 도로, 항만 개발 등과 같은 역사役事가 필요해지고 있으므로 풍수지리의 활용도가 더욱 높아지고 있다. 이 과정에서 건축의 디자인, 부동산 개발 및 투자, 그리고 실내 인테리어 등 다방면으로 응용되고 있다.

풍수지리는 문화다

풍수지리風水地理는 우리 생활과 밀접한 관계를 가지고 있다. 누구나 들어본 말이기도 하고, 많은 사람들은 스스로 풍수지리에 대해 인식하고 있다고 생각한다. 그러나 우리 생활과 밀접하다고 해서 풍수지리를 올바르게 이해하고 있다고 장담하기는 어렵다. 혹자는 풍수지리를 막연하게 주술적인 의미로 이해하기도 하고 때로는 그저 미신이라고 치부해버리기도 한다.

무지가 무시를 낳았다. 풍수지리는 이 땅에 살아온 사람들이 만들어낸 문화이자 역사다. 그럼에도 불구하고 미신이니, 법술이니, 미혹이니 하는 말을 사용하는 것은 결코 우리의 의도가 아니다. 그것은 일제강점기에 일본인들이 만들어 퍼트린 의미에 불과하다. 그들은 우리의 풍수지리를 미혹한 잡술로 치부해 이 땅의 정기를 흐트러트리고자 획책하였다. 그들은 풍수지리가 미신이라는 주장을 전개하였는데, 그 결과 일본인들에게 교육받은 많은 학자들까지도 그 주장을 따르게끔 만들었다. 때문에 아직도 많은 사람들이 풍수지리를 미신이라 생각하고 있는 것이다.

풍수지리는 현상학이다. 풍수지리는 지질학이다. 풍수지리는 통계학이다. 풍수지리는 지극히 자연적인 현상을 파악하는 것에서 발전한 자연과학이다. 바람과 물과 땅의 기氣를 감지하고 자연에 순응하며 모든 사람들이 건강하고 행복하게 살고자 했던 옛 선현들의 지혜가 담긴 학문이다.

풍수지리의 시원始原은 역사 이전의 시대로 거슬러 올라간다. 글자로 쓰인 역사만이 역사는 아니다. 지워진 역사 속에도 지금의 문화와 현재의 사상을 이어준 뿌리가 있기 마련이다. 태초에 인간이 이 땅에 살기 시작하면서부터 자신의 몸을 지키고 생명을 영위하기 위해 자연현상을 이해하고 받아들인 것이 바로 풍수지리다. 이렇듯 풍수지리의 범위는 광대무변하므로 문화의 차원에서 이해해야 한다.

풍수지리는 인간이 생존하기 위해 온갖 자연현상을 이해하는 것에서부터 시작되었다. 지금의 집이 과거 동굴이나 움막에서 출발했듯이 풍수지리도 인간의 지능이 발달함에 따라 발전하고 있다. 풍수는 인위적인 것이 아니라 지극히 자연적인 것이다. 홍수나 한발旱魃, 그리고 태풍 등과 같이 변화적인 것은 물론이고 인간으로서 예측 불가능하고, 인간의 힘으로 거스를 수 없는 자연재해로부터 안전한 주거지를 선택하는 방법에서 출발하였다.

풍수는 자연환경을 바탕으로 발생하고 발전한다. 산이 많은 우리나라에서 풍수지리 사상은 산을 바탕으로 이루어졌다. 산신숭배사상山神崇拜思想, 지모사상地母思想, 삼신오제사상三神五帝思想, 신선사상神仙思想은 모두 산과 관련이 깊다.

또 하늘을 살펴 얻어지는 천문사상天文思想, 조상에 대한 효도사상孝道思想, 조상숭배사상祖上崇拜思想, 음양오행사상陰陽五行思想이 융합하고, 자생풍수自生風水에 중국에서 전해 내려온 풍수지리가 융합해 풍수지리 이론의 배경을 이루게 되었다.

풍수지리가 미신이며, 비과학적으로 오도되고 있는 부분은 민족성이 약한 일부 일본인으로부터 학문을 전수받은 학자들의 주장이며, 일본인들이 이 땅을 강제로 지배하기 위한 목적으로 왜곡한 현상임이 밝혀졌다. 최근에 실시된 많은 과학적인 실험들은 풍수지리가 과학적으로 효율성이 있음을 증명하였다. 과학을 바탕으로 한 다양하고도 심도 있는 증명과 실험을 통해 풍수지리가 효율성을 제고한 우수한 학문이라는 사실이 밝혀지고 있는 것은 매우 바람직한 현상이다.

우리 조상들은 풍수지리를 크게 두 가지 이론으로 구분하였는데, 양택풍수陽宅風水와 음택풍수陰宅風水가 그것이다. 음택풍수가 죽은 사람의 안장지를 찾는 것이라면 양택풍수는 살아있는 사람을 위한 풍수다.

풍수의 근본이념은 개발이 아니다. 예부터 양택풍수의 바탕은 자연을 훼손하지 않고 거주성居住性을 살릴 수 있도록 좋은 입지를 찾아내는 것에서 시작되었다. 즉 자연에 순응하는 것이다. 수맥을 피하고 바람의 영향으로부터 보호받을 수 있는 길지吉地를 찾는 것이다. 아울러 택지에서는 사람의 심성도 주변의 자연과 같아진다는 이론을 정립해 자연과 인간의 심성을 일체화시키는 노력을 해왔다.

풍수지리는 미신도 아니고 과신過信도 필요하지 않다. 풍수지리를 조금이라도 접해본 사람들이라면 자연의 변화에 대응할 수 있는 방법을 찾아내게 될 것이다. 인간의 능력으로 자연을 인간에게 유용하게 사용할 수 있는 방법을 배우게 된다.

이 땅에 언제부터 풍수지리 사상이 전개되었는지는 기록이 남아있지 않다. 이 땅에 사람이 살기 시작하며 적응하기 위해 풍수지리가 발달하기 시작했을 것이라는 추측이다. 문헌상으로 우리의 풍수지리가 중국의 영향을 받은 것은 통일신라 말기라고 짐작할 뿐이다. 중요한 것은 그 이전부터 자생적인 토속풍수土俗風水가 존재하고 있었다는 것이다. 풍수지리는 자연에 적응하는 기법이고 살아남은 사람들의 풍습이다. 이 땅에 사람이 살기 시작하는 순간부터 풍수지리가 개발되고 적용되었으며 발전하고 있음은 부정할 수 없다.

풍수지리는 동양에만 있는 것이 아니다. 각각의 지역에서 발전시켜온 풍수지리를 세상 사람들은 '문화'라고 부른다. 세계 곳곳에 살고 있는 각 국가와 민족, 각 대륙의 모든 인류는 기후와 자연환경, 물과 산, 짐승의 공격, 자연재해, 계절, 부족 간의 상관관계에 따라 고유의 풍수지리를 발전시켜왔다.

이 땅의 자생풍수는 중국의 풍수지리와 일맥상통하는 점이 적지 않으나 일부분에서는 그 적용이 달라지기도 한다. 이는 우리 민족이 과거에는 중국 땅을 일부 점령했거나 일부 지배했음을 보여준다. 이 땅의 풍수지리는 문자의 부재로 인해 오래도록 이론화되지 못했으나 오래도록 실생활에 적용되었다. 그 이후에 중국에서 들어온 이론이 기록으로 남아 오랜 세월 동안 첨삭되었고 오늘에 이르렀다.

흔히 우리의 풍수지리를 중국 풍수지리의 아류나 그 역외로 보는 경향이 있는데 이는 지나치게 잘못된 관점이다. 조금 더 상고해보면 중국의 풍수지리에서 우리 민족이 일조한 바가 있으며 심지어 일부 이론에는 중국 풍수의 주류인 형기형세론形氣形勢論을 우리 조상인 동이족이 만든 것이라는 설도 있다.

풍수지리의 역사

일반적으로 풍수지리의 시작은 통일신라 말기로 본다. 당나라에서 유학한 승려들이 돌아왔던 시점에 맞춰 풍수지리설이 문자로 유포된 것으로 추정되기 때문이다. 이는 자생풍수지리를 배제한 이론이다. 학계에서는 도선국사道詵國師가 당나라의 일행선사一行禪師에게 풍수지리를 배웠다고 알려졌으나 이는 확인되지 않은 전설일 뿐이다. 일행선사와의 연대도 맞지 않을 뿐더러 도선국사가 중국에 갔는지도 의심스럽다. 시기를 논하는 것은 당시 중국으로부터 이론이 유입되고 기록으로 남기 시작했음을 의미한다. 그러나 이미 자생풍수가 있었음은 불문가지다.

우리 역사에서 임금을 만든 집터에 대한 첫 공식기록은《삼국유사》에 나타난다. 신라 4대왕인 탈해왕은 어렸을 때 경주 토함산에 올라가 7일 동안 머물면서 초승달 형국의 집터를 발견했다. 그는 꾀를 써서 이 집을 차지했고, 후일 왕이 된다. 이 기록으로 보아, 그 이전부터 양택에 관한 이론이 있었다는 것을 알 수 있다

태조 이성계 이야기도 마찬가지다. 이성계는 고려 충숙왕 4년인 1317년 10월 11일 지금의 함남 영흥에서 태어났다. 이성계가 왕이 된 것은 이성계의 태胎를 부근의 정자리 연못에 묻었기 때문이라고 전하는데 풍수지리의 영향이 있었거나 혹은 의지하고 있었음을 보여주는 이야기다. 일찍이 이곳을 지나던 무학대사가 왕기가 일어날 수 있는 지역임을 감지하고 이성계의 아버지 이자춘에게 아들이 태어날 경우 태를 반드시 연못에 깊이 묻으라고 일렀다는 것이다. 사실 이자춘과 무학대사의 시기적 연대는 맞지 않으니 이 이야기는 거짓이다. 그러나 이러한 이야기를 만들어냄으로써 건국의 당위성을 준 것이다. 이후 왕이 태어날 수 있는 집은 풍수지리적 조건을 갖춰야 한다는 생각이 조선시대 전반에 신앙처럼 번져갔다.

이러한 이야기는 정치적 색이 강하며, 백성들에게 미친 영향 또한 실로 거대했다. 따라서 양반들을 중심으로 가문의 영광을 위해, 혹은 기울어진 가문을 일으켜 세우기 위한 방편으로 풍수지리에 대한 연구도 활발할 수밖에 없었다.

풍수지리는 고려시대 불교가 국교로 정착되면서 한층 더 발전을 거듭한다. 당시에 절을 짓거나 궁궐을 짓는 행위, 혹은 성을 쌓는 것은 모두 국책 사업이었다. 이 과정에서 당시의 풍수가들은 사원과 도읍의 입지 선정에 참여했고, 예언을 믿는 도참사상圖讖思想은 사회를 주도적으로 이끌었던 원동력이 되었다.

풍수지리는 고려와 조선의 건국에 있어서도 핵심적인 사상이었다. 고려를 건국한 태조 왕건의 훈요십조訓要十條에도 풍수적 사고관념이 잘 나타나고 있는데, 그 가운데 대표적인 것이 '훈요2조'다.

> 모든 사원은 도선道詵이 산수의 순역順逆을 살펴서 개창開創한 것이며, 도선이 점정占定한 곳 이외의 터에 함부로 사원을 지으면 지덕을 손상시켜 국운이 길지 못하리라.

즉, 사찰 건립을 모두 풍수에 의지하라는 말이다. 당시 불교는 가장 중요한 건국 사상이었으니, 이러한 진언은 그 의미가 남다르다. 지금도 풍수연구가들은 도선국사를 비조鼻祖로 모심에 주저함이 없다.

고려시대만 하더라도 음택보다는 양택을 중심으로 한 풍수지리가 흥성했던 것으로 보인다. 조선시대에 들어와 지표면을 중심으로 지표면 상부를 다루는 양택풍수에서 지표면 아래를 중심으로 삼는 음택풍수가 흥성하게 되었다. 음택이 지나치게 발달하여 백성들에게 영향을 미치니 조선 말엽에는 그 지나침을 호소하는 실학자들까지 나타났다.

조선시대가 유학의 시대고 불교를 배척했다고 하지만 조선 건국의 기틀을 마련한 사람 중에는 승려가 빠지지 않는다. 그들은 궁궐 건설과 수도 설정에 지대한 역할을 담당하기도 하였다. 조선의 건국 초기에는 무학대사와 정도전 등 학문적 이론을 바탕으로 한 풍수 대가들이 도읍을 한양으로 천도하는 등, 도읍지 및 궁궐의 입지 선정에도 양택풍수가 크게 활용되었다.

풍수지리는 민간신앙과 같았다. 표면적으로 유교를 표방한 조선이었지만 백성들 사이에서는 불교가 남아 뿌리를 이어가고 있었다. 그러나 근본적인 큰 흐름은 풍수지리를 바탕으로 하고 있었다. 조선왕조 내내 사회 전반에 걸쳐 풍수지리에 대한 관심도가 높아지면서 음양과陰陽科가 설치되었고, 시험을 통해 지관地官을 선발하였다. 조선 초기에는 마을이나 도읍 터에 관한 양기풍수陽基風水가 주류를 이루었다면 시간이 흐를수록 음택풍수가 그 주류를 이루었다. 이는 효孝와 조상숭배를 강조하는 유교사상이 합치된 결과이기도 하다.

처음에는 풍수지리라는 학문이 양반들과 지배 계층을 위한 학문이었으나 세월이 흐르면서 일반 백성들에게도 널리 전파되었다. 조선 초에는 《산림경제山林經濟》와 《임원십육지林園十六志》, 《상택지相宅志》 등 양택에 관한 서적도 편찬되어, 양택에서 추구하는 입지의 요건과 길흉의 방향을 제시하였다.

풍수지리에 대한 의존도가 너무 지나치자 사회문제로 대두되었다. 심지어 양반들 사이에서는 "유학으로 출사하고, 풍수로 출세한다"는 소리까지 나올 정도였다. 명당에 조상의 유골을 묻으면 영달할 수 있다는 설이 유포되면서 묘지를 둘러싼 폐단이 곳곳에서 지적되었다. 조선 초기에는 양반들만의 문제였으나 점차 일반 백성들도 묏자리에 욕심을 내고 투쟁이 벌어지기도 했다. 결국 실학자인 정약용과 박제가, 홍대용 등이 풍수지리의 폐해를 지적하기도 하였다.

숙종 대에 들어와 풍수지리와 관련된 여러 사건이 조정으로까지 확대되면서 일부 풍수지리 서적들이 소각되기도 하였다. 당시 '송사의 반 이상이 산송山訟'이라고 할 정도로 조상의 묏자리 때문에 벌어지는 송사는 이만저만이 아니었다. 그러나 이미 민중들 삶의 한 부분에 뿌리 깊게 정착한 풍수지리는 철학적 깊이가 배가되며 발전 계승되었고, 관련 서적들도 중국 등에서 수입되며 활발한 연구가 이루어졌다. 그러나 지나친 풍수지리의 신봉은 사회적인 폐단을 만들기도 하였다.

논란이 없는 것은 아니었지만 조선 후기는 풍수지리 경전의 정리가 일어나고 풍수지리가 완벽하게 기틀을 잡아 정착한 시기였다. 또한 오랫동안 구전으로 전승되던 풍수지리 이론들이 활자의 발달로 출판되었고, 전통문화의 한 분야로까지 비약하는 계기가 되었다. 따라서 조선의 문화에서 풍수를 이야기하지 않고는 철학, 경제, 사회 전 분야를 논하지 못할 정도가 되었으니 당연히 조선의 문화적 바탕은 풍수지리라고 할 수 있었다.

풍수지리는 조선의 문화적 정상에 자리하고 있었다. 아무리 유학에 조예가 깊다 해도 풍수를 모르면 가장 높은 관직에는 오르기 힘들었다. 그러므로 조선의 유학인들은 풍수지리를 필수적 덕목으로 삼아야 했다. 조선시대에 음양과를 보아 지관으로 합격되면 주로 왕실의 능지陵地 선정 등에 참여하였으며, 퇴임 후에도 그대로 관직명을 붙여 예우하였다. 지관은 대단히 명예로운 호칭이었다. 음양과의 시험과목으로 채택된 풍수지리서는 《청오경靑烏經》, 《장경葬經》, 《호순신胡舜申의 지리신법地理新法》, 《명산론名山論》 등이다. 특히 《청오경》과 《장경》은 보지 않고 돌아서서 외우게 하는 배강背講이 중심이었다.

풍수지리는 전성기를 맞이하며 찬란한 꽃을 피웠지만, 조선 후기에 지나친 맹신과 일신의 영광만을 꾀하는 잘못된 속성으로 변질되며 폐단이 일어나기도 하였다. 그러던 중 풍수지리의 격이 하루아침에 떨어지는 비운의 사건이 있었으니 바로 일제의 강제침략이었다.

일제는 이 땅을 강제점령하고 한국인의 풍수지리 사상을 정치적으로 이용할 목적으로, 명산과 길지에 숯을 묻거나 철주鐵柱를 박는 등 지맥을 파괴하였다. 우리 민족 스스로가 정신적으로 자포자기하도록 지능적인 말살정책을 편 것이다. 일제는 우리 민족이 신봉하는 정신적인 지주가 유학이나 불교가 아니라 풍수지리였다는 것을 간파하였던 것이다.

조선총독부는 식민지 통치 자료로 활용하고자 총독부 촉탁이었던 무라야마 지준이 조사한 풍수지리설을 《조선의 풍수》라는 책으로 엮어 간행하였다. 이 책은 비록 식민통치의 목적으로 연구되었지만 우리나라 최초로 풍수지리설에 대한 전국적인 조사가 이루어졌기 때문에 한국풍수지리 연구에 좋은 자료가 되고 있다. 이 책의 서문 등에는 일본이 식민정책의 일환으로 풍수지리를 이용하고 미신으로 몰아붙이는 과정에 당시 조선인 이왕직(李王職 : 기존 대한제국 황실 업무를 담당하던 궁내부를 형식적으로 계승한 기구) 관료들의 도움이 컸다는 내용이 있다. 순종과 고종의 능을 소점한 것으로 알려진 전기응과 같은 사람의 이름이 무라야마 지준의 책에 소개된 것은 많은 점을 생각하게 한다.

일본은 한국인의 혼을 말살하고자 실시한 우민화 정책에 풍수지리를 이용하였다. 한국의 풍수지리와는 동떨어진 교육을 하고, 풍수지리가 미신이라고 믿게 만들었다. 심지어 민족말살을 위해 계곡에 공동묘지를 만들기도 했다. 지금의 공동묘지는 이러한 관점에서 다시 생각해볼 여지가 있다. 아이러니하게도 이렇듯 풍수지리의 음해에 열을 올리던 일본은 오히려 한국의 풍수지리를 받아들이고 현재까지도 자신들의 도시개발과 양택풍수 등에 활용하고 있다.

세월이 흘러 최근 들어와 풍수지리는 제도권에 진입했다. 실례로 지금은 풍수지리를 연구하여 박사학위까지 딸 수 있게 되었다. 행정수도 이전에 대한 논의가 전개되었을 때 풍수지리 연구가들이 참가하였으며 정부의 정책 결정에도 풍수지리 연구가들의 주장이 받아들여지고 있다.

풍수지리가 지나치게 미혹적인 측면으로 기울어진 시기가 있었던 것도 사실이다. 삶이 어려운 백성들이었기에 풍수지리를 맹신했을지도 모른다. 선조의 묏자리가 주는 기氣가 후손을 잘되게 한 것인지, 집터가 좋아 훌륭한 후손을 낳았는지 그것을 어느 한쪽으로만 단정할 수는 없다. 그런데도 오래도록 신봉된 것은 단순히 미신 때문이 아니라 대를 거슬러 이름이 있었기 때문이다. 우리는 경험과학과 통계에 의한 수치를 무시하지 못한다. 일반적으로 집터는 현재 그 집에 사는 사람에게 영향을 미치고 묘지는 자손 대대로 영향을 미친다고 알려져 있다.

유교 문화권인 우리나라와 일본을 비교해보면 많은 차이를 발견할 수 있다. 일본은 집터(양택)에 깊은 관심을 기울이고 대단히 발달한 형태를 보이고 있는 반면 우리나라는 묘터(음택)에 더 많은 주의를 기울였다. 하지만 이제는 그 추세가 바뀌고 있다. 2000년대 중반부터 장례 시 화장火葬의 비율이 75%에 육박하기 시작한 것이다.

이처럼 음택보다 양택에 더 많은 관심을 갖는 것은 바람직한 현상이다. 음택 문화보다는 양택 문화가 발달해야 한다. 양택은 음택 이전의 문화고 공존하는 문화며 앞으로 더욱 발전시켜나갈 문화이기 때문이다.

양택에 대한 풍수지리도 음택의 그것과 다를 바 없다. 조상의 유골을 잘 다루면 복을 받고 후손에게 좋은 영향을 준다는 생각은 조선에 이어 현재까지 작용하고 있다. 음택이 죽은 한 사람만을 위한 자리인 것에 비해 양택은 여러 사람과 함께 기거한다는 점에서 더 넓은 자리를 가진다.

이제 음택의 비중보다는 양택의 비중이 높아지고 있다. 건설과 건축은 현대적인 개념에서 파악하고 개발하며 적용해야 하므로 더욱 많은 풍수적 연구가 수반되어야 한다. 아울러 이러한 상황에서 이어져 온 여러 가지 풍수적 논리들이 적용되고 발전되어야 한다.

양택 풍수

양택은 집을 말한다. 양택의 범위는 매우 넓어서 주택뿐만 아니라 영화관, 체육관 등도 양택으로 분류하지만 대체로 살림집의 기준으로 파악한다. 양택론에는 전해오는 몇 가지 원리들이 있다. 어떤 원리를 적용해도 100% 양택에 맞는 집을 짓기는 어려우므로 가능한 한 100%에 접근하는 것이 중요하다.

총체적으로 살펴보면 바람이 자는 곳이어야 하고 사방이 트여 있으면 불리하다. 대지의 모양은 원만하고 방정해야 하며 주변에 날카로운 이웃집이 있거나 담의 모서리가 찌르거나, 혹은 주변의 산이나 바위들이 모가 나고 칼날 같은 흉악함을 드러내서는 안 된다.

지질地質도 문제가 된다. 흔히 '신선도가 뛰어나야 한다'고 말하는데 이는 생토生土를 의미한다. 가능한 한 원래의 땅이어야 하고 습기가 적은 땅으로 마치 딱딱한 바위처럼 보이지만 삽을 대면 부서지거나 쉽게 파이는 비석비토非石非土가 가장 좋다. 흔히 돌도 아니고 흙도 아니라고 표현하는데 마사토 정도의 땅이 좋다. 아울러 다른 곳에서 날라온 흙이라면 이력을 따져 화학물질은 섞이지 않았는지, 공동묘지에서 퍼온 흙은 아닌지, 슬러지(찌꺼기)나 바다의 개흙, 부엽토가 많이 섞이지 않았는지 파악해야 한다.

물은 반드시 파악해야 한다. 수질은 맑고 담백한 것을 최고로 친다. 물이 흐리거나 냄새가 나면 병이 생긴다. 지하수를 끌어올려도 맑고 음용 가능한 물이 나오는 곳이어야 살만한 곳이다. 간혹 지하수를 끌어올려도 냄새가 나거나 탁한 경우가 있는데 이는 이미 오염된 땅이거나 사람이 살만한 곳이 아니라는 의미다.

양택과 주택 살아있는 사람이 머무는 공간은 모두 양택이라 한다. 이 중에서 살림을 하는 집, 일반적으로 사람이 먹고 마시며 잠자고, 자식을 기르는 양택을 주택이라 한다.

담과 울타리는 다르다. 담은 견고함을 원칙으로 하는데 이는 안과 밖의 바람이 새어들지 않게 하기 위해서다. 내부 청결을 유지하고 내부의 바람이 밖으로 새어나가지 못하는 장풍의 원리를 지켜야 한다. 펜스와 울타리는 같은 맥락이다. 울타리는 바람이 들고 나는 구조를 말한다. 울타리는 가옥과 음양이 조화되고 통풍이 잘돼야 한다. 지나치게 높으면 갇힌 모양이 되고 나무를 심어 지붕을 덮으면 집안에 우환이 생긴다.

담은 지나치게 높낮이가 맞지 않거나 들락거리고 상부가 날카로우면 안 된다. 담이 집에 비해 높으면 음상陰相이요, 낮으면 양상陽相인데 양택에서는 양상을 길吉로 본다. 담이 집보다 지나치게 높으면 갇힌 꼴이라 하여 천옥天獄이라 한다. 답답한 형세이니 옴짝달싹 못하는 우물 속 개구리와 같다.

《도선유기》에 의하면 튀어나온 것은 양이므로, 우리나라 지형인 다산多山도 양이라 하였다. 또한 고루(高樓 : 높은 누각)도 허공을 향해 튀어나온 형이므로 양이라 하였다. 산이 많은 우리나라는 음양의 조화에 따라 양보다는 음의 형체가 필요하다고 여기고, 높은 다락이 있는 양 형체의 집을 많이 지으면 국운이 쇠멸할 것이라 생각했다. 그래서 옛 조상들은 높은 집을 선호하지 않았다. 우리 목조 기술은 탑에서 보이듯 13층 건물을 지을 수 있었을 것으로 평가되지만 짓지 않은 것은 이러한 사상 때문이다. 기술이 있었음에도 1층이나 2층 정도에 해당하는 평옥만 짓고 그 이상의 고옥高屋을 금했기 때문에 조선이 끝날 때까지 고층건물은 지어지지 않았다. 예외로 전투용 가옥은 높은 누각의 형태였는데 이는 멀리 보기 위한 실용적 이유와 양의 기운을 지니기 위함이었다. 또 사찰에 3층이나 7층 정도의 목탑 형식 집이 있었지만 이는 사람이 살기 위한 것이 아니고 성인을 모시기 위한 것이므로 배려되었다. 따라서 현대사회에서 기술 발달을 마천루로 뽐내는 것은 풍수적으로는 생각해봐야 할 문제다.

조선조의 가옥 구조나 그 이념에 대해서는 여러 서책에서 찾아볼 수 있다. 조선조 풍수지리 학자 가운데 집터에 대한 풍수론에 관심을 기울인 대표적인 인물은 홍만선洪萬選이다. 그가 지은 《산림경제》의 〈목거조〉에 따르면 집터는 어떤 조건을 갖춰야 한다는 당시 사상이 낱낱이 그려져 있다.

집터는 동쪽이 높고 서쪽이 낮은 데가 가장 좋다. 그 반대면 부자는 못 되나 부귀를 누린다. 앞이 높고 뒤가 낮으면 집안이 망하고 뒤가 높고 앞이 낮으면 집짐승이 늘어난다. 또 사면이 높고 가운데가 낮으면 비록 부자일지라도 점점 가난해지므로 평평한 터가 가장 좋다. 집터가 남북이 길고 동서가 좁으면 처음이 나쁘나 뒤에 잘된다. 집의 동쪽에서 흐르는 물이 강과 바다로 들어가면 좋으나 동쪽에 큰길이 있으면 가난하고 북쪽에 큰길을 두면 나쁘며 남쪽에 큰길이 있으면 영화를 누린다. 사람의 주거지는 땅이 윤기가 있고 기름지며 밝은 곳이 좋고 건조해 윤택하지 않은 곳은 나쁘다. 탑이나 무덤 터, 절이나 사당 터, 대장간이나 군영 터 그리고 전쟁터는 살 곳이 못 되고 큰 성문 입구와 옥문을 마주 보는 곳은 역시 좋지 않으며 네거리 입구, 산등성이가 곧바로 흘러내린 곳, 흐르는 물과 맞닿은 곳, 여러 물이 모여서 나가는 곳, 초목이 나지 않는 곳은 나쁘다. 옛길, 영단靈壇과 신사 앞, 불당 뒤, 논자리, 불을 땠던 곳은 모두 불길하다.

풍수지리의 유래와 발전

동양의 학문은 음양론陰陽論과 오행설五行說을 접어두고 생각할 수 없다. 풍수지리학도 다른 학문과 다르지 않아 음양론과 오행설을 기반으로 지리地理를 체계화한 전통적 논리구조를 갖고 있다. 또한 주역을 주요한 근거로 삼아 '흉한 일은 피하고 좋은 일에 나아감', 즉 추길피흉追吉避凶을 목적으로 삼는 상지기술학相地技術學이다. 땅을 살펴 옳고 그름을 따지고, 그 결과에 따른 화복 추산의 기술이다.

풍수지리라는 용어는 중국 동진東晋의 곽박郭璞이 쓴《장서葬書》에 처음 기록된 것으로 알려졌다.

> 죽은 사람은 생기에 의지하여야 하는데……. 그 기는 바람을 타면 흩어져버리고 물에 닿으면 머문다. 그래서 바람과 물을 이용하여 기를 얻는 법술을 풍수라 일컫게 되었다.

곽박은 동진의 관료로 신선사상神仙思想의 추종자이며 유선시遊仙詩의 대가이다. 유선시는 충절과 신선사상을 바탕으로 하고 있으니 노장사상老莊思想의 연장이기도 하다. 기록은 남아 있지 않으나 이미 그 이전부터 풍수지리라는 말이 쓰였다는 것은 분명하다. 아울러 노장사상의 근원인 신선사상은 이미 오래 전에 시작되었고 그 시작은 점창산點蒼山이라는 기록과 함께, 점창에서 내려온 도인이 신선사상과 도교사상을 전하였다 하는 이론이 중국에 전한다. 그런데 점창의 도인은 청구(靑丘 : 우리나라의 별칭)에서 온 것으로 알려져 있다. 그렇다면 풍수의 시작은 혹 우리 민족이었을지도 모르는 일이다.

풍수지리는 사람이 살아가는 방법을 말한다. 지극히 일상적이고 평범한 생활환경을 대변해주고 있는데, 풍風은 기후와 풍토를 지칭하며 수水는 물과 관계된 모든 것을 가리킨다. 따라서 풍수지리의 대상은 현대 지리학의 관심 분야와 다를 것이 없다. 다만 과거의 풍수지리가 용도성을 확인하고 찾아 적응하고 이용하는 것이라면 현대 지질학은 개발의 논리에 많이 치우쳐 있다는 특징이 다르다.

풍수지리는 하루아침에 이루어진 철학이나 논리가 아니다. 지구상에 인류의 출현과 함께 형성되고 발전되어 온 땅에 대한 이해의 체계화라고 할 수 있다. 따라서 장구한 세월 동안 이루어져 왔으며 각 지역이나, 지방의 특색을 지니는 문화가 되었다.

풍수지리는 집터에 관한 양택풍수와 마을이나 도읍 터에 관한 양기풍수, 묏자리에 관한 음택풍수의 세 가지로 나뉜다. 이 세 가지의 기본 원리는 모두 같은데, 다만 양기풍수는 범위가 매우 넓은 데에 비하여 음택풍수는 혈穴로 대변되는 것으로 기氣가 뭉친 좁은 땅을 의미하는 것이 다르다. 과거에는 어떤 일을 시작할 때의 시점을 중요하게 생각했는데 이를 대요법大要法이라 한다. 현재 이 대요법은 택일법擇日法이라고 할 수 있다.

조선 말기에 다다라 사회가 불안하고 삶이 팍팍해지면서 한때 지나칠 정도로 음택풍수가 성행해 양택풍수가 등한시되기도 하였다. 그러나 조선 말기 이후로 일제강점기, 해방, 군정시대, 그리고 현대에 이르도록 양택의 중요성은 점차 강화되고 있다. 근래에 들어와서도 서울대학교, 국회의사당, 신도시 입지 선정 등과 함께 새로이 건설되는 대형 건축물에도 많은 문제가 있었음이 확인되어 논란이 일었다. 특히 충청도 이전으로 논의된 행정수도는 풍수사들의 경연의 장이 되었다.

과거에는 도시가 이루어지기까지 수십 년, 혹은 수백 년의 세월이 걸렸다. 그러나 현대의 도시는 과학과 문명, 기계의 발달로 빠르게 건설된다. 경제적 이유나 인구 분산만을 위해 도시 건설의 계획과 개발이 이루어짐에 따라, 점차 자연적인 조건을 무시하게 되었다. 개발의 논리를 앞세움으로써 보존의 논리는 힘을 잃었다.

지나친 개발은 역효과를 가져온다. 지금 곳곳에서 이러한 현상이 나타나고 있다. 신속한 도시건설은 대비가 부족해 자연환경을 파괴하였다. 하천의 범람과 직류에 따른 토사의 유입은 하상河床을 상승 혹은 역류시켜 우기雨期에 피해를 불러왔다. 바람의 영향을 무시하고 산맥을 끊는 행위는 공기의 순환을 흐트러트리고 입지를 불안하게 한다. 하천의 개발과 정비는 결과적으로 유속을 빠르게 만들어 물소리가 크게 들리고, 풍수적으로는 재물을 사라지게 한다.

양택풍수는 주거문화의 안정감을 주는 학문으로, 배산임수背山臨水의 택지를 가장 좋은 집터로 제시하고 있다. 산을 등지고 하천에 면해 있는 지형은 취락 입지로서 효용적 측면과 지리적 이점이 있다. 이 땅의 지형에서 산은 차가운 북서풍을 막아주고, 연료를 공급한다. 물을 바라보는 지세는 배수가 용이하며 농토가 확보된다. 배산임수 지역은 기후, 지형적 환경과 경제적 여건이 고려되어 취락 입지로 선호되었다. 그러니 이를 무시하고 오로지 남향만을 주장하는 얼풍수, 글풍수, 작대기풍수의 경연이 이루어지니 한심하고 안타까운 일이다.

배산임수의 택지에 주택을 조성하게 됨으로써 자연적으로 전정前庭, 내정內庭, 후원後園, 별정別庭의 형태가 나타나게 되었다. 이는 비단 우리나라뿐 아니라 전 세계적으로 이상적인 배치라고 할 수 있다. 이러한 배치는 이 땅에서 사원과 궁궐, 사대부의 집, 그리고 음택의 배치에도 철저하게 적용되었는데, 각기 좌청룡左靑龍, 우백호右白虎를 비롯한 북현무北玄武, 남주작南朱雀과 같은 사신사四神沙로 대변된다. 특히 우리나라에서만 독특하게 나타나는 후원양식도 풍수지리의 영향 때문이다.

풍수지리에서 사용하는 구성학의 원리는 정원이나 마당을 정리하는 데에도 그 힘을 발휘하였다. 수목을 심거나 돌을 놓는 데에도 종류와 위치, 방향 등 여러 가지 법칙을 따랐다. 이처럼 풍수지리는 궁궐, 주택, 서원, 사찰, 능원은 물론이고 정원의 건립에도 광범위하게 적용되었다.

역대 왕조는 모두 풍수지리를 참고하여 건국의 이념과 부합되도록 왕궁을 건립하고 도읍을 설계하였다. 고려시대에는 왕궁의 터를 결정하는 데 지리도참사상地理圖讖思想이 영향을 미친 것으로 역사적 기록에 나타나며, 왕도의 건설에 있어서는 좌조우사면조후시左祖右社面朝後市의 원리를 적용하면서 풍수지리에 맞는 배산임수의 터를 잡았다. 조선시대에 들어와 태조가 왕도를 한양으로 정한 데에도 풍수지리가 크게 영향을 끼쳤는데, 이는 정도전과 무학대사의 행적으로 남아 전해지고 있다. 최초 설계에서는 정궁인 경복궁을 중심으로 풍수지리의 원리에 따라 왕도배치계획이 적용되었다. 특히 한성漢城의 건설은 서사택국西舍宅局으로 건설되었다. 이후 많은 왕궁의 건립에 있어서 풍수지리는 가장 먼저 살펴야 하는 이론적 배경이었다.

왕도 건설과 도읍을 정하기 위해 당대의 관료와 고승들이 오래도록 설왕설래를 하고 정치생명을 걸며 주장을 펼친 것은 당시 풍수지리가 어느 정도의 가치를 인정받았는지 잘 보여주고 있다. 때문에 풍수지리는 당대 학자들의 필수 덕목이었다.

조선이 숭유억불崇儒抑佛, 혹은 숭유배불崇儒排佛의 시대였다고 해도 사찰의 조성이 사라진 것이 아니어서 민초들은 종교적으로 불교를 숭상해온 것으로 보인다. 정치적으로 불교는 억압당하고 배척당했지만 나라를 지키는 중요한 역할을 담당하여 성곽을 지키기도 하였고 산의 입구에서 조난자를 구출하는 임무를 수행하기도 하였다. 이러한 승려들이 머무는 사찰은 드러나지 않는 가운데 꾸준히 명맥을 이어오거나 지어졌다. 사찰 조성에도 풍수지리는 엄격하게 적용되었으며, 서원書院을 지을 때도 매우 비중 있게 적용되었다. 서원 건물을 지을 때는 풍수지리설에 부합되는 지세를 선택하고 좌향坐向을 놓았다.

풍수지리는 능원陵園 조경에도 막대한 영향력을 행사하였다. 능원을 조성함에 있어서 동양철학의 근본인 음양오행을 적용하고 천원지방天圓地方을 적용하였으며 풍수적 의의를 배척하거나 도외시하지 않았다. 장묘 문화가 급변하는 현대에도 납골당이나 추모공원 조성에 풍수지리를 적용할 수 있으며, 대규모 도시 건설과 공공주택 건설에도 다양하게 응용할 수 있다. 이처럼 풍수지리는 일상생활 곳곳에 적용되었으며 효율적 배치와 국토건설을 위해서라도 적용되어야 한다.

풍수는 변화한다

풍수사상은 오래도록 동양의 자연관을 대변하였고 각 나라의 조경과 건축 등에 영향을 미쳤다. 오래도록 묘지나 주택 선정에 활용되었으며 명당이라고 하는 의미를 부여하여 좋은 땅과 사람이 살기 좋은 땅을 찾는 생활과학으로 활용되었다. 풍수지리는 근본적으로 토지와 환경 이용을 효율적으로 관리하는 고전적 의미의 토지과학이다.

풍수사상은 자연을 그대로 인식하는 것으로 산천山川과 수로水流의 모양을 살피고 파악하여 인간의 길흉화복吉凶禍福에 연결시켜 설명하는 사상이다. 서양의 지리학이 들어오기 시작한 근대 이전에는 지리설로도 불렸다. 즉 풍수지리는 전통적인 지리체계관이자 지리학이라 볼 수 있다.

풍수지리의 이론은 자연을 보호하고 적재적소 필요한 곳에 적용하는 것이다. 풍수이론은 동양사상에서 가장 오래된 학문 중 하나고 지질학이나 자연과학분야에서 적용하는 가장 과학적인 사실이며 철학으로 현대에도 적용 가치가 충분하다. 더구나 풍수지리를 잘 이해하고 적용하면 토지개발과 환경개발을 이롭게 할 수 있는 등 풍수지리에는 자연친화적 요소가 있다. 과학이 발달하고 외부 문화가 밀려오면 수용 현상이 일어나고 이 땅에 어울리거나 적응되면 이는 곧 우리의 풍수에 적응되고 변화를 가져온다. 다시 말해 풍수는 변화할 수 있으며 이는 문화로 해석함이 옳다.

풍수지리란 말은 세월이 흐르며 전혀 다른 의미를 보여주고 있다. 풍수지리를 단순히 묏자리를 찾고 살피는 정도의 학문으로 보는 시대는 지났다. 즉 과거의 풍수지리가 삶의 철학이었다면 현대의 풍수지리는 국토의 이용을 효율적으로 전개하는 실용적인 학문으로 적용되고 있다. 따라서 풍수지리라는 말을 현대적 용어로 재해석한다면 '국토의 효과적인 개발과 자연환경의 효율적 관리'라고 해야 할 것이다. 그 말에는 물론 환경오염 방지도 포함된다.

현대사회에서 풍수지리는 대규모 개발을 살피는 데도 적용될 수 있는데, 대단위로 나무를 심거나 공원을 조성하는 등 인위적인 비보풍수裨補風水에 효율적으로 사용될 수 있다. 이렇듯 풍수지리의 쓰임은 더욱 확대되어 다가올 미래에는 보다 넓은 의미의 풍수지리가 사용될 것이다.

과거에서부터 현대로의 대표적인 변화는 가옥의 형태다. 과거의 집은 토굴에서 시작하여 움집, 기와집과 초가집으로 발전했다. 일부 지역에서는 토막집(움막집)이나 귀틀집을 지었고, 초가지붕의 재료는 기와와 삘기(띠풀)에서 볏짚으로 변했다. 오랜 세월 이어오던 가옥 형태는 1900년을 정점으로 극심한 변화를 일으킨다. 서양의 가옥, 교회, 성당 형태가 들어오고 일제강점기에는 적산가옥 형태의 집이 지어졌다. 미군정시대는 서양식 집인 양옥, 새마을운동 시기에는 슬레이트 가옥이 지어졌으며, 이후 아파트가 대량으로 건설되었다. 이처럼 새로운 문화가 유입됨에 따라 가옥의 형태가 크게 바뀌었고 풍수지리도 그에 따라 변하게 되었다. 문화의 유입과 혼입, 과학의 발달이 필연적으로 풍수지리의 변화를 가져온 것이다.

변하지 않는 풍수도 있다

풍수는 자연을 이해하는 것에서 시작한다. 풍우風雨를 비롯하여 인간에게 미치는 모든 자연현상의 변화가 풍수지리의 시작이다. 즉 모든 자연의 변화는 이 땅에 살아가는 인간 생활의 화복禍福과 깊은 관계가 있다. 이는 표면적으로 기록을 남긴 중국의 사상이라 주장할 수 있으나 비단 중국이나 동양의 문화만은 아니다. 따라서 사람이 사는 곳이라면 동서양을 가리지 않고 이론이 성립되어 철학으로 발전하였다. 동양에서는 중국의 춘추전국 시대에 많은 이론이 정립되었다. 후한시대에 들어와 음양설을 바탕으로 풍수설이나 도참설 같은 수많은 예언설을 만들어냈고 이윽고 도교로 통합되었다.

그러나 이 사상은 단순히 도교에 머물지 않고 중국을 비롯한 동양문화권으로 퍼져나간 유교사상의 바탕이 되어 점차 먼 곳으로 퍼져나갔다. 음양설을 받아들인 유교가 전파되지 않았다면 노참실이나 풍수지리, 혹은 명리학의 발전은 더욱 더디게 이루어졌을 것이다. 이렇듯 음양설을 바탕으로 한 풍수지리는 중국을 비롯한 동양인의 생활에 지대한 영향을 미쳤다.

풍수지리는 이 땅에도 많은 영향을 미친다. 물론 중국의 풍수가 도입되기 이전에 정통풍수가 있었다. 이후 중국의 풍수가 문자로 기록되어 도입되었다. 이처럼 오랜 세월 동안 이루어진 풍수지리는 이 땅에서 도성, 사찰, 주거, 분묘 등을 축조하는 데 반드시 필요하고 적용해야 하는 학문이 되었다. 풍수지리의 적용을 통해 불안감을 해소하며 나쁜 기운을 방어하고 행복을 가져올 수 있다고 믿었으니 풍수지리가 정통 지리학으로서 가치를 발휘한 셈이다.

땅과 지세를 파악하고 물의 흐름을 통해 인간의 화복을 추산하고 옳은 판단을 하고자 한 학문을 감여堪輿, 풍수, 또는 지리地理라고 하였으며 이를 연구하는 사람을 풍수가風水家, 감여가堪輿家, 지리가地理家, 음양가陰陽家, 지사地師 등으로 호칭하였다.

자연계에서 일어나는 변화가 인간 생활의 행복과 깊은 관계가 있다는 사상은 세월의 변화나 문화의 전이에 따라 변하는 것이 아니라 더욱 고착된 형태로 나타난다. 풍수지리는 문화가 발달하고 기계가 개발되며 문화의 혼입이 이루어지는 과정에서도 더욱 강화되고 중요한 이념으로 발달되고 있다. 그동안 풍수에 적용하면서도 증명되지 않았던 많은 것들이 통계학과 과학기술의 발달로 증명되었다. 풍수지리의 이념과 적용은 더욱 강해지고 확대되고 있다.

바람을 막는 풍수의 비법은 방풍림이나 방풍벽, 혹은 부두의 개발에 적용되고 있다. 배산임수의 법칙이 도시형 법칙으로 전환되는 것과 같이 과거의 적용이 모양만 바뀐 채 계속적으로 적용되고 있다. 이렇듯 현대의 풍수라 할지라도 고전적이고 기본적인 풍수지리의 이념을 벗어난 것은 아니다.

과거의 풍수, 현대의 풍수

과거의 풍수에서 현대로 이어지는 풍수의 맥은 변한 것이 아니다. 단지 변한 듯 보일 뿐이다. 과거에서 중시된 풍수의 요점은 현대사회에서도 중요하다. 과거 조선시대의 풍수가 지나치게 음택에 주안점을 두고 적용된 경향이 있어 풍수지리라는 말이 묏자리 잡는 학문으로 인식되고 있는 측면이 없지 않아 있는 것은 사실이다. 그러나 조선시대에도 좋은 집터를 찾는 양택풍수를 매우 중요하게 여겼다. 이는 현존하는 유구한 역사적 마을인 경주 양동마을과 안동 하회마을 등을 보면 알 수 있다.

현대의 풍수는 과거의 산물을 변화시키고 변형시킨 것이지만 그 바탕이나 사상은 변하지 않았다. 일상생활에서 행복을 느끼고 삶을 더욱 행복하게 만드는 것이 현대의 생활풍수라고 할 수 있다. 이것은 삼국시대를 포함하여 고려와 조선을 이어온 사상의 뿌리에 기인한다. 오랜 역사를 지니고 있으며 조선시대에는 지나치게 신봉되어 폐단을 논하기도 했다. 그러나 풍수는 종교도 아니고 사술도 아니다. 일본인들이 주장하는 것처럼 혹세무민의 미신도 아니며 사기도 아니다. 풍수지리는 자연을 바탕으로 하고 기후와 계절 변화의 적응에 뿌리를 둔 친환경적인 학문이다.

현대사회는 급속하게 발전하고 있다. 주거 환경과 건축기술은 과거에 비해 빠르게 발전하고 있고 앞으로 더욱 급변할 것이다. 과거에는 터를 고르고 집을 지을 때까지 짧게는 몇 달, 길게는 수년이라는 긴 시간이 필요했다. 하지만 현대사회는 기술과 재료공학의 발달로 건축에 걸리는 시간이 매우 짧을 뿐만 아니라 하늘을 찌르는 고층건물의 시공이 가능하다. 머지않아 높이 1,000m에 이르는 초고층건물이 등장할 것이다.

현대사회의 생활 속에서 풍수는 점차 발전할 것이고 한 세상의 중심사상이 될 것이다. 풍수지리는 이제 우주를 바라보는 관념에서 파악될 것이고, 우주 만물의 이치에 맞게끔 변화, 발전을 거듭하는 과정에 있다. 결국 초현대적인 생활방식으로 나아가거나 과학을 원천으로 하여 사회생활을 이끌어나가는 키워드가 될 것이다.

과거와 현대가 전혀 다른 세상이라는 것은 명백하나 과거의 풍수이념을 현대에 적용하지 못할 것은 없다. 물론 과거의 풍수는 자연을 배경으로 하는 사상이고 자연을 파괴하는 것이 주목적이 아니었기에 산과 물이 중심이었다. 그러나 현대사회에서 자연을 지키고 보호하기는 매우 어렵다. 따라서 자연을 회복하는 것은 아니지만 도시에 인공자연을 건설하는 것이 풍수적으로 틀리다고는 할 수 없다.

조선시대 양택풍수에서 가장 드러나는 것은 차경수법借景手法이다. 집을 지으며 조경을 꾸미기보다 경치를 빌려온다는 사상이 바로 그것이다. 물론 경치를 빌려올 때 길흉을 따지게 되는데 길한 것은 눈에 보이게 만들고 흉한 것은 보이지 않게 차단하는 것이다.

이와 같은 풍수의 수법이나 이법은 현대의 풍수에서도 훌륭하게 적용 가능하다. 좁은 도시에 건물들이 모여 있는 현대의 풍수는 산이나 물을 볼 수 없거나 멀고, 도로로 덮여 있어 찾을 수 없다. 이러한 상황에서 현대의 풍수는 조선시대 양택에서 적용했던 차경수법을 변형하여 적용할 수 있다. 배산임수의 법칙에 따라 높은 건물이 산의 역할을 하고, 도로가 물의 역할을 할 수 있다.

미래가 불확실한 현대사회에서 풍수지리의 적용은 불안을 가라앉히고 때로는 회생과 상승의 기운으로 적용되는 등의 과정을 겪으며 더욱 주목받고 있다. 미국과 영국을 비롯한 서양에서도 동양의 풍수지리가 주목받으며 한층 더 발전의 길을 걷고 있다.

우리 사회에서도 풍수지리는 이념적 성향을 떠나 맹위를 떨치고 있다. 정치인들이 풍수지리에 따라 조상의 묘를 옮기는 것을 자주 볼 수 있으며 기업의 운영자들도 아직은 매장埋葬을 선호하는 경향이 있다. 아울러 음택 문화는 점차 약해지지만 명당을 찾아 집을 짓는 한편 집의 위치, 인테리어 배치 등에서 예전보다 더욱 많은 풍수지리의 적용이 이루어지고 있다.

조선 초기만 하더라도 풍수지리는 왕족이나 양반들의 전유물처럼 여겨지던 학문이었다. 당시 풍수지리나 명리학은 왕을 위한 학문 혹은 통치의 학문이라 해도 과언이 아니었다. 하지만 조선 후기부터는 모든 사람이 풍수지리를 믿었다 해도 지나친 말이 아니었다.

지금의 모습과 조금도 다를 것이 없다. 오래전부터 고위 공직자나 재계 인사들이 풍수지리를 선호하고 있는 것을 볼 수 있다. 그들은 주거지나 사업의 터전을 선택하는 데에 풍수지리의 이념을 매우 중요한 조건으로 삼아 반드시 살펴보거나 적용해야 하는 가장 중요한 사상으로 꼽아왔다. 금액을 환산할 수 없을 정도로 고가의 고급빌라가 밀집해 있는 서울시 용산구 한남동을 그 일례로 들 수 있다. 남산에서 뻗어온 강하고도 힘찬 용맥龍脈이 한강을 만난다. 이를 계수즉지界水卽止의 터라 부르는데, 음과 양이 만나 응결을 이루어 혈을 이루었다는 계수즉지의 이론과 일맥상통한다. 천리를 달려온 용맥이 멈추고 지기를 응집해 터를 이루니 재물이 쌓이는 영구음수靈龜飮水의 명당이라 칭한다.

이처럼 현대사회에서 서양철학을 받아들이고 서양의 우수한 공법이 들어오고 다양한 가옥의 형태가 이루어진다 해도 기맥을 이해하고 명당을 찾는 풍수지리의 이념은 여전히 변하지 않고 있으며 미래에도 변하지 않을 것이다.

풍수는 사람이 사는 지혜다

풍수지리風水地理란 한자 그대로, '바람風과 물水, 땅地 기운의 이치를 따진다'는 뜻이다. 즉 자연의 조화를 이해한다는 말이다. 또한 풍이란 하늘의 기운을, 수는 땅의 이치를 뜻하기도 한다. 풍수지리는 달리 '장풍득수藏風得水'라고 하는데, '바람을 갈무리하고 물을 구한다'는 말이다. 즉 바람을 효율적으로 차단하고 사람이 살아가며 반드시 필요한 물이 있는 곳을 구한다는 뜻이다.

풍수가 한국이나 중국, 일본과 같은 동양권에만 있다는 생각은 지나친 아집이다. 우리는 우리의 문화를 풍수하고 표현한 것이니 서양도 서양의 문화가 바로 그들의 풍수인 것이다. 서로 다른 환경에 살지만 공통적인 사상이나 문화도 있다. 서양에서는 '바람길에 집을 짓지 말라'는 이야기가 있다. 마찬가지로 우리의 풍수에서도 바람길에는 집을 짓지 않는다. 바람이 스치는 계곡에 집을 지으면 그 영향으로 곡식 농사가 잘 되지 않고 사람이 죽을 수도 있다고 판단했던 것이다.

풍수는 실재과학實在科學이고 삶의 체험이 모아진 학문이다. 풍수는 미신이 아니며, 비과학적이지도 않다.

풍수는 하늘의 기운과 땅의 기운을 이용하는 논리적인 학문이고 경험적인 철학을 그 근간으로 한다. 눈에 보이지는 않지만 땅에서는 다양한 힘이 올라오고 있다. 우리 조상들은 이를 지기地氣라고 했다. 좀 더 세밀하게 파악하면 땅에서는 지구 공전파도 올라오고 광물의 고유 파장도 생기고 있다. 전기를 생산하고 무기를 만드는 우라늄

광이 있으면 방사능도 올라온다. 인간에게 좋고 나쁨을 판단하는 지혜가 더해진 상태에서 바람과 물이 합쳐지면서 땅의 기운이 지기라는 형태로 인식되는 것이다.

학문의 범주에서 볼 때, 풍수지리는 삶의 철학이다. 마을 주변에 산이 있고 앞쪽에 물이 있는 전통 풍수이론의 배산임수를 살펴보면 사람이 먹고 사는 데 도움을 주고 북풍을 막아주는 아주 요긴한 것이다. 그러나 과학적으로 보면 모두 좋다고 볼 수 없다. 마을 앞으로 하천이 가까이 흐르면 지하 수맥이 많아질 수 있어 좋지 않다. 따라서 올바른 배산임수는 산을 등지고 물을 바라보지만 강이나 하천에서 조금 떨어진 곳이다. 그래서 옛 어른들은 '강가에 집 짓지 말라'는 말을 하였는데 언제부터인지 그런 말은 사라지고 말았다.

배산임수 예전부터 산을 등지고 집을 짓는 이른바 배산임수는 좌향 이전의 가장 중요한 배치 형태였다. 양택을 지을 때는 어느 이론보다 배산임수의 법칙을 우선 적용한다.

사실 풍수는 도인들의 것이었을지도 모른다. 풍수는 수련을 통해 얻어지는 부분이 많다. 즉 이론적이고 현학적이 아니라는 것이다. 고도의 기감을 가지고 땅의 기운을 몸으로 느껴서 어디가 좋은 땅인지 찾는 방식이 옛 방식의 풍수지리였던 것이다. 이러한 이론들이 정립되고 중첩되어 지금의 풍수이론서들이 만들어진 것으로 보인다. 사람의 감각은 문화생활을 하면서 둔해지는 과정을 겪는데, 좋은 땅의 기운이나 유효한 물의 기운을 찾는 능력도 사라지고 형태적인 것으로 변질을 거듭하여 과학에서 예술로 변질되고 상상의 영역으로 넘어간 것으로 보인다.

양택풍수도 그렇다. 때로 여기가 좋으니 저기가 좋으니 하며 따지지만 넓은 개념의 좋은 곳에도 나쁜 곳이 있고 넓은 개념에서 나쁘다 하지만 실제적으로 좋은 곳이 있을 수 있다. 실제적으로 적용한다면 아파트 전체는 전혀 의미가 없다. 그 아파트에서 내 집, 내 침실의 의미를 따져야 한다. 일정 지역이 명당이라고 소문 난 땅이라 해도 내

도시의 배산임수

도시에서는 산을 찾기 힘들고, 찾았다고 하더라도 적용이 쉽지 않다. 이때는 인공적인 구조물을 등에 지어 배산임수의 법칙을 충족시킨다. 그러나 뒤를 막아주는 건물이 지나치게 높으면 좋지 않다.

가 사는 집이나 방에 수맥이 많으면 결국 좋지 않은 것이다.

21세기의 풍수는 격동과 변화의 시기에 놓여 있다. 앞으로 발전하는 풍수는 현학적이지 않고 실제 과학으로 발달하기 시작할 것이다. 풍수란 사람의 지혜를 모으는 것이다. 올바르게 살고, 건강하게 살고, 남에게 해를 끼치지 않고 사는 방법을 찾는 것이니 이는 곧 마음을 바로 쓰는 것에서 시작하는 것이다.

2장

좋은 기를 끌어당기는 풍수 인테리어

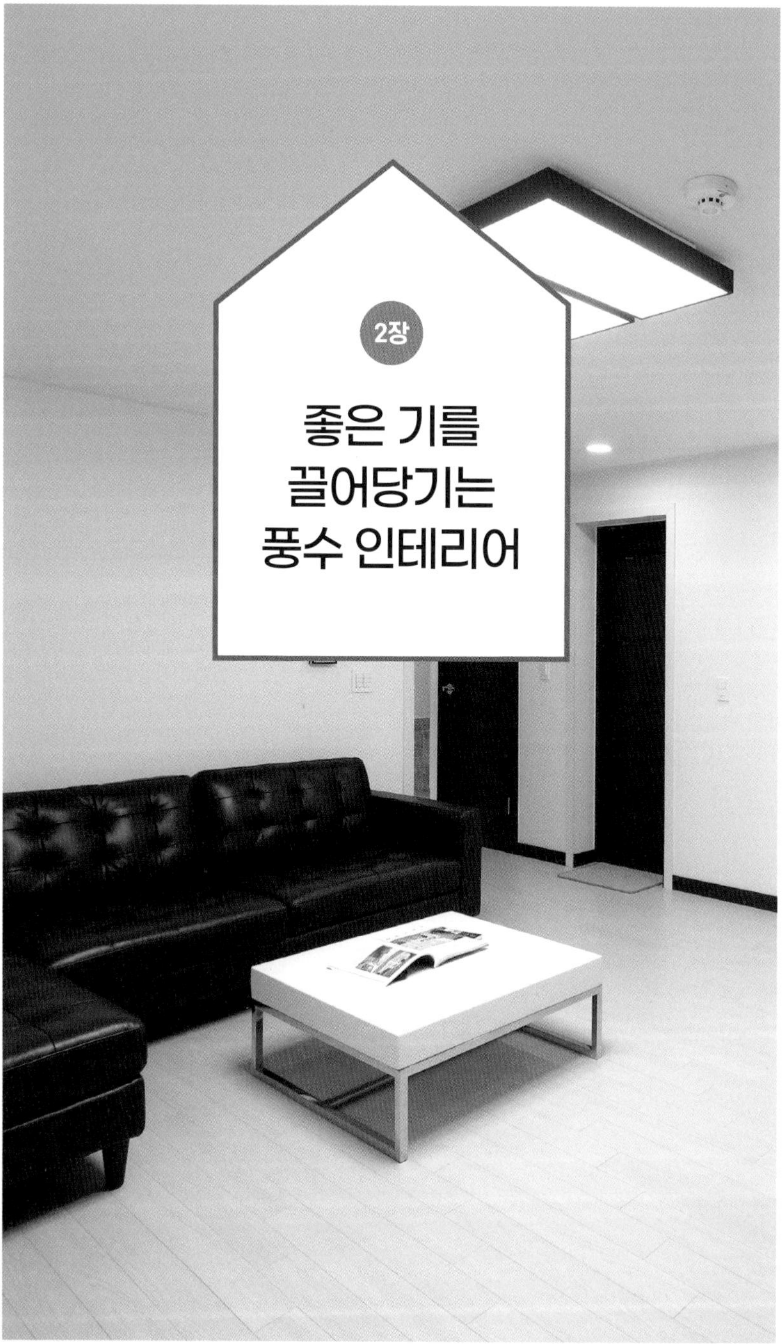

풍수

풍수는 달리 풍수지리의 준말이기도 하다. 풍수지리란 말의 정의를 애써 내려본다면 산수山水의 형세形勢나 지형地形을 세밀하고도 정확하게 살펴 인간에게 미치는 길흉화복을 판단하는 학문이라고 할 수 있다. 또한 풍수지리는 자연과학이며 오랜 생활 습관과 개선으로 이루어진 결과물이기에 생활과학과 경험과학이 더해진 통계학이기도 하다. 하지만 이렇게 정의하는 것은 지극히 좁은 의미라고 할 수 있다.

보다 넓은 의미의 풍수지리는 자연을 이해하는 것에서 시작한다. 풍수지리는 자연을 활용하는 학문이다. 따라서 풍수지리는 지구라는 자연을 이용하고 의지하며 살아가는 인간이 생활에 유익하도록 이용하고 활용하는 적용 측면에서의 과학이라고 할 수 있다.

일반적으로 알려진 것처럼 풍수를 장풍득수의 의미로 이해하고 받아들인다면 주거지를 포함하여 양택에서 논의되고 있는 일반적인 명당의 조건을 축약하여 나타내는 것으로 이해할 수 있다. 하지만 풍

수는 음택에서도 절대적으로 필요한 이론이다.

그러나 장풍득수의 조건이 이루어진 곳이라 해도 모든 사람들이 원하는 명당의 조건을 충족시킨다고 보기는 어렵다. 이에 추가적으로 필요한 것이 있으니 바로 사람과의 사이에서 얻어지는 기운이다. 이를 인기人氣라 하고, 모든 물체가 사람에게 영향을 미치니 물기物氣라 한다. 풍수는 이러한 기를 잘 이해하고 활용하는 것이다.

풍수는 기를 이해하는 것이다

풍수지리는 여러 가지 기를 다룬다. 천기天氣와 지기地氣, 인기人氣와 물기物氣는 풍수지리가 다루는 핵심적인 요소이다. 풍수지리 이론의 핵심은 지기와 천기는 물론이고 인기와 물기의 해석에 있으며, 이는 음택과 양택에 지대한 영향을 미친다. 집을 지을 때, 좋은 지기가 많이 모여 있는 땅을 명당明堂 또는 구별하여 세분하니 혈穴이라고 한다. 그러나 광의적으로 명당이라는 말이 반드시 혈이라는 말은 아니다.

일반적으로 명당이나 혈은 땅속을 흐르는 지기가 뭉친 곳을 말하는데, 이 둘을 같은 의미로 통칭하는 경향이 있다. 혈이 명당이라는 광의의 범위에 속하기는 하지만 엄격하게 말하면 혈과 명당은 다르다.

양택풍수와 음택풍수가 반드시 동일한 조건을 가지는 것은 아니다. 음택풍수의 이론에서 가장 중요한 동기감응이론同氣感應理論은 지

음택풍수

음택풍수는 혈을 찾아 시신을 안장하는 것이다. 혈을 찾지 못한다면 음택풍수는 의미가 없다. 음택풍수는 용혈사수향(龍穴砂水向)의 법칙에 따른다.

기의 흐름을 근거로 하고 있다. 명당은 보통의 땅과는 다른 특별한 조건의 땅을 말하며, 전자기기를 이용한 실험을 통해 점차 과학적으로 규명되어가고 있다.

사람은 기를 받으며 살아간다. 이 기는 태초의 기운으로, 기气라고 표현하는 것이 맞겠지만 현재는 모두 기氣로 통용되고 있다. 한문에서 표기되어 쓰기를 기氣는 사람이 음식을 먹고 사용하는 힘을 이야기하는 것이나 현재는 기气와 같은 의미로 받아들여진다.

인간은 음식을 먹어 생성되는 에너지와 같은 성격의 기도 필요하지만 근본적으로 공기와 같은 자연의 기를 받으며 살아간다. 사람이 자연으로부터 받는 기는 크게 지기와 천기로 나눈다. 천기와 지기의 조화만이 인간을 살찌게 하고 지구에서 적응하며 살아가도록 만드는데, 천지간의 기운이 모두 인간에게 도움이 되는 것은 아니다.

땅속을 흐르는 지기地氣는 인간에게 많은 영향을 미친다. 이를 증명하는 데에는 아직도 많은 노력이 필요하지만 땅속에서 나오는 기가운데 일부는 파악되어 있다. 지면을 구성하는 토질은 모래, 자갈, 진흙 등의 광물질, 수분 등과 같은 여러 가지 요소로 구분된다. 토질이 다르면 발생하는 기운도 다르다. 지기도 음기陰氣와 양기陽氣로 나뉘는데 땅속의 기운은 음기이고 땅거죽의 기운은 양기로 분류된다.

땅은 거대한 생명체로서 인간이 눈으로 느끼지 못하는 다양한 기운을 가지고 있다. 흔히 인식되는 자력磁力 역시 지기 중 하나다. 이는 땅이 살아있으며, 인간에게 어느 정도의 영향을 미칠 수 있는지를 보여주는 것이다.

현대과학은 수많은 물건과 기기를 만들어냈지만 지기와 천기를 분별하고 파악하는 데는 미치지 못하였다. 지기와 천기는 눈으로 볼 수 없고 몸으로 느낄 수 없는 기파氣波로 나타난다. 일부 기기가 초음파와 같은 기파를 이용해 그 실체의 일부를 파악할 수 있게 해주었지만 아직도 파악할 것은 수없이 많다. 지자기地磁氣를 현대과학이 만들어낸 산물로 측정하면 그 변화와 효과, 혹은 폐해를 알 수 있다.

현대과학은 이론과 분석을 통해 지구가 지닌 힘을 파악하게 해준다. 지자기가 안정된 곳은 건강에 좋고, 지자기가 불규칙한 곳은 그렇지 못하다는 사실을 증명해냈다. 이는 명당이나 혈이라고 부르는 곳과 맥을 같이한다. 결국 지자기는 인간이 살아가는 중요한 요소임을 증명하고 있는 셈이다. 소리와 울림, 진동, 폭발, 빛, 그리고 수맥 등은 땅이 가지고 있는 다양하고도 원초적인 기운 중 한 부분이다.

풍수지리는 이와 같은 현상을 포괄적으로 이해하고 선인들의 경험을 바탕으로 해석하여 사람들이 윤택하게 살 수 있도록 체계화시킨 학문이다.

풍수風水라는 학문은 글자 자체로 살펴보면 지극히 추상적으로 보인다. 그러나 그것이 바람과 물을 논하고자 하는 것쯤은 알 수 있다. 물론 바람과 물을 한정지어 말하고자 하는 것은 아닐 것이다. 사전적 어의에서는 "바람을 갈무리하고 물을 얻는다"는 의미의 장풍득수라는 말에서 어원을 찾고 있기는 하지만 단순하게 그것만으로 설명할 수는 없다. 즉 풍수라는 단어는 단순하게 바람과 물이라는 의미가 아닌 자연적으로 일어나는 현상 모두를 의미하고 있다. 풍수가 자연을 대표하는 것이다.

풍수는 자연현상에서 일어나는 대표적인 물상과 현상을 의미하는 단어로서 바람과 물을 설정한 것이다. 이로써 예부터 사람이 살아가는 데 바람風과 물水이 가장 큰 영향을 미쳤으리라는 것을 알 수 있다. 바람을 의미하는 단어는 하늘에서 일어나는 변화를 나타낸 것이고, 물을 의미하는 단어는 땅과 그 거죽에서 일어나는 수많은 현상을 나타낸 것이다.

이러한 분석은 이 지구를 공기와 땅으로 나눌 수 있고 이곳에서 일어나는 변화를 주목할 것이다. 나아가서 육지, 바다, 생물, 공기를 논하고, 더 세부적으로는 나누고 배치할 것이다.

풍수에서 말하는 여러 가지 이론 중에는 주역의 흐름과 음양오행이 속해 있다. 지구자연은 인간이 창시하고 만들어낸 모든 이론과 학문에 알알이 녹아든다. 이러한 자연을 배제하고는 철학의 바탕이 이루어질 수 없었다. 이러한 자연물 중에서도 영향력이 큰 것은 땅, 산, 물, 바람, 태양, 화산, 불, 번개 등이었다. 이를 정리하고 의미를 부여하고, 분류하여 배정한 것은 서기전 3500년경인데, 이것이 소위 태호복희太昊伏羲 팔괘八卦의 상象이라는 것이다. 흔히 주역팔괘라고 부르기도 하는 이 팔괘의 다양하고도 축약적인 괘卦 안에는 우리가 인식하는 바람과 물을 표기하는 괘가 배치되어 있다. 그러니 주역팔괘에 풍수가 있다고 해도 틀리다 할 수 없다.

천기

천기天氣의 사전적 의미는 매우 다양하지만 《인테리어 용어사전》(동방디자인교재개발원, 동방디자인, 2006.)을 참고하여 정의하고자 한다. 이 책은 천기에 대해 이렇게 설명한다.

> 임의 지점의 임의 시각에서의 기상 상태. 그 상태는 기상 요소의 종합에 의하며 시시각각으로 변화한다. 예를 들면, 어떤 곳의 몇 년, 몇 월, 며칠, 몇 시의 천후라고 말하지 않고, 몇 년, 몇 월, 며칠, 몇 시의 천기라고 한다. 어떤 날의 천후를 그 날의 어느 시각(예를 들면 14시)의 천기로써 나타내는 경우가 있다. 천기는 쾌청, 맑음, 흐림, 비, 안개, 번개, 눈보라 등으로 나타낸다.

여기에서 '기상 요소'라는 것에 대하여 다시 정의하였다.

> 대기의 기상을 나타내는 데 필요한 요소인 기온, 기압, 풍속과 풍향, 습도, 운형과 운량, 강수 등을 말한다. 어떤 관측점의 어떤 시각의 기상 요소를 알면 그 지점의 그때의 일기를 알게 된다.

이전까지 풍수지리에서 논한 천기는 하늘의 기운이라는 대략적이고 형상학적인 정의를 바탕으로 하였다. 아울러 학자들에 따라 그 정의가 중구난방이었다. 혹은 그 정의가 명확하지 않은 측면이 있었던 것도 사실이었다. 그러나 막연하게나마 천기가 어떤 역할을 하였는지는 정의하였다.

천기는 양기의 전형으로 정의된 측면이 강하다. 즉 천기는 하늘에서 일어나는 모든 변화를 의미하는 것으로 인식되었으며 태양과 같은 빛의 존재가 의미하는 것이나 크게 차이가 없었다. 즉 하늘이라는 것은 태양이 뜨는 곳이며 태양은 만물을 자라게 하는 원동력이다. 음양오행의 이론적 배경에서 보이듯 태양을 의미하는 병화丙火는 나무를 자라게 하는 원동력이다. 빛이 없다면 생명체는 제대로 자랄 수 없음을 드러낸 것이고 빛을 가장 많이 받아야 하는 곳이 주택이라 살폈다.

따라서 천기는 양기라는 말과 같은 의미를 가진 측면이 크다. 양택이란 양기를 모으는 터, 혹은 양기를 모으는 집이라는 의미가 된다. 양택은 양기가 많은 곳에 지어져야 한다. 즉, 볕이 많이 들어오는 곳에 지어야 한다. 아울러 양기로 변환된 천기가 사라지지 않도록 공간이 필요하다. 이러한 공간이 필요해서 만들어진 곳이 지붕과 천장의 반자 사이에 마련된 공간이 된다. 따라서 양택에는 반드시 천기를 가두는 공간인 천장이라는 구조가 필요하게 된 것이다.

양기는 명예를 의미한다. 양기는 머리에 작용하고 사상을 확립하는 기운이며 자존심과 관련이 있다. 또한 남성을 의미하고 밖에서 일어나는 일, 나라, 사회성을 의미한다. 때문에 천기는 양적이라 표현할 수 있고 남성적인 기운이라 표현할 수 있다.

지기

지기地氣는 토기라고 한다. 땅의 기운이라는 말이다. 그러나 사전적 어의와 풍수지리에서 말하는 지기는 그 의미가 다르다.

사전적 어의를 살펴보면 "토양 속의 공기. 탄산의 양이 산소보다 더 많다. 땅의 정기, 비슷한 말로 토기土氣가 있다" 정도가 될 것이다. 다시 살피면 "지기가 있다", "지기를 향수하다", "그 지방은 지기가 성하여 유명한 인물이 많이 배출되었다" 등으로 표현되거나 사용되는 것을 알 수 있다. 지극히 사전적 어의와 사용 용도가 되겠지만 지기는 조금 더 크고 광대한 의미를 지닌다.

풍수지리에서는 지기를 파악하기 위해 많은 노력을 한 결과가 나타나고 있다. 대표적인 것은 음택을 조영하여 패철을 이용해 방향을 보는 방법이다. 즉 패철의 24산의 방향을 살펴 어느 방향에서 용맥이 들어오는가를 따져 길지와 흉지를 가리는 방법이다.

양택에서는 좌향을 따져 길지를 가린다. 무엇보다 중요한 것은 배산임수의 법칙이 이루어졌는가를 따지는 것인데 그 외에도 물의 흐름과 양, 소리, 풍향, 기타 여러 가지 조건을 따진다. 땅에 대한 것만을 살펴 지기를 논할 때는 안정된 땅인가를 살핀다. 아울러 터의 이력을 살펴 과거 이 땅에서 누가 살았고, 어떤 건물이 있었는지, 어떤 터로 이용되었으며 어떤 일들이 일어났는가를 살핀다. 즉 과거 전쟁으로 사람이 많이 죽어 시체가 매몰된 지역은 아닌지, 공동묘지였던 땅은 아닌지, 사람을 참수하던 땅은 아닌지, 연못을 메운 땅은 아닌지 등을 따져 불합리한 땅은 선택하지 않는다.

땅은 습기가 적어야 하고 빛이 나듯 말라 있어야 하지만 바람에 날리는 땅은 좋은 땅이 아니다. 집을 짓는 땅은 비석비토라고 하여 돌과 흙의 중간 정도에 해당하는 생토여야 하고, 만약 다른 곳에서 흙을 날라 온 상태라면 그 흙의 성분과 날라 온 곳의 상태를 파악하는 것이 좋다. 날라 온 흙이 공장의 슬러지(진흙)는 아닌지, 공동묘지의 흙은 아닌지 살펴보는 것이 중요하다.

풍수지리에서는 지기를 땅속에서 솟아나오는 기운으로 정의한다. 이 지기는 마치 안개와 같은 것이어서 바람을 맞으면 흩어지는 속성을 지니고 있는 것이다. 음택은 땅 속에 유골이 있어 지기를 받으며, 양택은 집 안으로 지기가 스며들어야 한다. 그런데 바닥이 뜨면 지기가 바람을 맞아 흩어지므로 집의 바닥은 지면에 붙어야 한다.

지기는 음기의 속성을 지니고 있다. 음기는 여성, 재산, 성장과 발육에 작용한다. 건강과 밀접한 관계가 있으며 안정이라는 측면을 고려하지 않을 수 없다. 즉 지기를 받지 못하는 양택은 재물이 모이지 않으며 여자의 입지가 불안정하고 건강이 나빠진다고 본다. 반드시 양택의 밑바닥은 지면에 밀착되어야 하는 것이다.

인기

흔히 인기인이라면 연예인을 생각할 것이다. 그러나 풍수지리에서 말하는 인기人氣는 일방이 아니라 쌍방을 말한다. 즉 사람과 사람 사이에서 형성되는 기운이다. 이를 예전부터 상호간이라는 말로 정의하였다. 사전적 어의에 따르면 인기란 "어떤 대상에 쏠리는 대중의 높은 관심이나 좋아하는 기운"으로 정의가 가능하다. 그러나 풍수지리에서 말하는 인기란 "사람과 사람 사이에서 형성되는 모든 기운"이라고 정의할 수 있다.

사람은 모여 살아야 행복하다. 따라서 마을이 생겨나고 도시가 생겨난다. 모여 살아야 경제력이 생기고 산업이 발달한다. 예부터 혼자 떨어져 사는 것을 '고양살孤陽殺을 받는다'고 했다. 혼자 혹은 마을과 멀리 떨어진 곳에 살면 양의 기운을 혼자 받기 때문에 지나치다는 의미로 해석되었지만 달리 '말라 죽는다'는 표현을 사용하듯 사람은 사람과 어울려 살아야 한다는 것이다.

인기는 일방통행이 아니라 쌍방통행이다. 사람과 사람 사이의 감정교류에서 이루어지는 기운이며 온기와도 같은 것이다. 올바른 인기는 사람의 감정을 순화시키고 삭막해지는 경쟁을 완화시켜준다. 인기가 올발라야 삶이 행복해진다.

물기

물기物氣란 물체에도 기가 있다는 말이다. 사람이 살아가는 주변 모든 물체는 기운을 가지고 있다. 예부터 풍수지리에서 청룡과 백호를 따지고 사격을 따진 것은 모든 물체가 기를 가지고 있다고 보았기 때문이었다. 자연적으로 이루어진 물체나 사물뿐 아니라 인간의 손에 의해 만들어진 모든 물체와 물건도 기를 갖고 있다고 보았다. 따라서 사람이 만든 건축물, 즉 주택, 아파트, 일반 상가, 사무용 건축물, 공공건축물은 기를 지니고 있다. 건물의 형체뿐만 아니라 집 안의 모든 구조물은 각각의 기를 가지고 있다. 인테리어를 비롯한 다양한 가구, 소품, 사람이 입거나 소유하고 지니는 옷, 가방, 구두까지 모두 기를 가지고 있다. 이를 에너지라는 말로 정의한다면 모든 물질에는 물질이 발산하는 에너지가 있다.

일반적으로 소문난 고급주택이나 아파트는 물기를 배격하지 않은 곳이니 흔히 말하기를 '물질적 에너지가 좋은 곳'이라고 정의할 수 있다.

음택과 주택은 어느 곳에 자리하고 있는가에 따라 물기의 영향을 받는다. 좋은 터전에 자리하고 있으면 좋은 기가 영향을 미칠 것이고, 나쁜 터에 자리하고 있다면 나쁜 기가 영향을 미칠 것이다. 같은 물체, 같은 물건이라도 어느 방향으로 배치되어 있는지, 혹은 어떤 곳에 배치되어 있는지에 따라 그 기운의 여파나 영향의 크기가 달라진다.

물기는 단순히 건축물이 높아지기 때문에, 혹은 사회가 발달하며 달라진 문화 때문에 새롭게 생겨난 것이 아니다. 태초부터 이 지구상에 있는 모든 물체는 기를 지니고 있었다. 이 세상의 모든 물건은 만들어지는 순간 이미 기를 지닌다. 따라서 그 물체와 물건의 형상이 그 물체와 물건이 지닌 기를 형상화한다.

둥근 물체와 물건은 둥근 기를 나타내고 날카롭고 뾰족한 물체와 물건은 날카로운 기를 형성하고 있다. 이 기를 효율적으로 이용해야 올바르고 편안한 생활이 이루어지는 것이다. 가능한 둥글고 유려하며 부드러운 기를 받을 수 있도록 물체와 물건을 배치하거나 설계하고 만들며 곁에 두어야 한다.

기를 모으는 풍수법

기를 모으는 방법은 형상적 방법과 물리적 방법으로 나뉜다. 형상적 방법은 기가 강한 곳에 자리 잡는 방법이다. 음택에서는 혈이라는 좋은 터에 자리 잡는 것을 말하고, 양택에서는 흔히 명당이라는 말을 사용하는 것이 그것이다. 양택에서는 빛이 들어오는 곳을 선택하고 바람이 불어 기가 흐트러지는 곳을 피하는 것이 그 방법이다.

기를 모으는 풍수적인 방법에서 가장 중요한 것은 빛이다. 빛에는 자연적인 것과 인위적 것이 있지만 어떤 빛이라도 중요한 자산이 된다. 빛은 발산하는 속성을 지니고 있으므로 퍼져나가 많은 사람에게 영향을 미치고 사람을 비롯한 모든 살아있는 것을 생존하게 한다. 빛은 기를 끌어 모이도록 하는 힘이 있으며 생육의 기운처럼 모든 것을 활발하게 움직이도록 만든다. 빛이 있음으로써 모든 것이 성장한다. 따라서 불빛이 없는 곳을 음습하다 하고 양택이 아닌 음택의 공간이라 말한다. 빛이 번지는 밝은 곳은 사람들이 모이는 곳이다. 반대로 어두운 곳은 사람이 숨거나 움츠러들고 피하는 장소가 되어버린다.

생기가 감돈다는 것은 빛이 있다는 말이다. 따라서 빛을 잘 이용하면 사업에서 매출을 극대화시킬 수 있다. 반면 빛이 없는 곳에서는 사업 운이 나쁘다 할 정도로 매출이 줄기 마련이다.

가족이 머무는 주택의 경우도 크게 다르지 않아서 빛이 있는 곳에 가족이 몰리고 병을 막을 수 있다. 주택이거나 사업의 장소이거나, 혹은 물건을 파는 매장의 경우에도 빛이 있으면 사람이 모인다. 그곳에 생기가 감돌기 때문이다. 이처럼 빛은 생기의 원천이고 밝은 빛이

야말로 활동성을 가지게 하는 기운이다.

도시에 빛이 없다고 생각해보자. 상상조차 할 수 없는 일이지만 음습함과 함께 각종 범죄가 만연할 것이다. 발전한 도시일수록 야경이 뛰어나고 초고층건물이 불야성을 이루기 마련이다. 일례로 아시아에서 가장 많은 금융가가 있는 홍콩의 야경은 단순하게 이루어진 것이 아니다. 건물 하나하나는 물론 조명조차도 마구잡이로 배치되거나 설계된 것이 아니라 철저하게 풍수를 바탕으로 지어지고 배치되었다.

조명

조명은 자연적인 빛은 아니지만 필요시에는 대신할 수 있다. 빛을 밝히는 행위는 양기를 불러들인다.(사진 제공 : 한글주택)

기를 불러들이는 방법 중 최우선은 빛이다. 태양이 없다면 인공의 조명도 비슷한 역할을 하거나 보충하는 역할을 한다. 조명은 낮이나 밤이나 기를 제공할 수 있는 태양에 가까운 장치이다. 건강을 유지하거나 기를 순환시키는 데 있어서 물체처럼 손에 잡히지 않지만 가장 중요한 매개체의 역할을 한다. 따라서 가능한 밝은 빛을 사용하는 것이 좋으며 어두워지거나 고장이 나면 신속하게 교체해줘야 한다.

빛은 어둠을 몰아내는 역할을 한다. 어둠은 음의 기운으로 병을 가져오거나 파괴와 같은 음험하고 부정적인 기를 생성시킨다. ㄱ자형이나 ㄷ자형 건물의 경우에는 모서리 진 부분이 어두워지거나 음습해지기 쉬운데 이러한 곳에 조명을 하나 켜는 것만으로 풍수적으로 부족한 점을 보충할 수 있다.

기가 모이는 건축법

기는 세상의 모든 것이다. 사람은 물론 모든 사물은 기로 이루어져 있다. 기가 모이는 과정을 알 수는 없지만 모이는 형태가 그 물체의 형태를 만들어내는 것이다. 사람이라는 것은 기가 모여들어 사람 형태로 모인 것이다. 나무라는 것은 기가 나무 형태로 모인 것이다. 이렇듯 모든 기는 모이는 속성이 있으며 이 모인 기가 속성을 드러내는 것이다.

건축 방식과 형태에 따라 기가 모이는 것도 달라진다. 공법과 기술이 발달한다고 해도 건축물이 반드시 기를 모으는 방법으로 발전하지는 않는다. 예부터 건물은 그 모양에 따라 기의 흐름을 판별하였다.

건축에 있어 최초 설계부터 기를 모으는 방법을 파악해야 한다. 기가 모이는 가장 이상적인 건물 형태는 원형이다. 원통형의 기둥 형태가 아니고 지붕이 원뿔형이어야 기가 모이는 건물이다. 원형의 공간은 기가 중앙으로 모이는 특징을 지닌다. 둥근 형태의 공간 구성은

건물의 형태

기를 불러 모으는 가장 이상적인 건물 형태는 원형이다. 지붕도 원뿔형이 이루어지면 천기가 모인다. 팔각형, 육각형 지붕도 기를 모으기에 유리한 형태다.

학습의 공간이나 의사결정의 과정에서 기를 모으는 역할로 적절하다. 건물 전체가 원형이라면 더할 나위 없이 좋으나, 원형 건축물은 공간 구성에 무리가 따르거나 공간 분할에서 삼각형 공간이 나오면 안 되므로 방이나 작은 공간 하나 정도만 원형이어도 효과가 있다.

원형 다음으로 좋은 구성은 원형에 가까운 형태를 지닌 것이다. 팔각형, 육각형, 오각형 순서이다. 사각형은 공간 분할과 가구를 놓기에 좋으며, 구석으로 기가 몰리는 특징을 지닌다. 따라서 구석이나 각진 곳에는 책상이나 중요한 물건을 배치한다.

가장 나쁜 구성은 삼각형이다. 삼각형은 칼끝과 같은 예리함을 지닌 구성이다. 따라서 어떤 공간이라고 할지라도 삼각형 공간은 매우 나쁘다. 수술이 필요한 심각한 병을 불러오는 것으로 인식될 만큼 삼각형은 나쁜 기운을 불러온다.

생기를 불어넣어주는 풍수

공간은 기를 담는다. 지붕 아래 공간은 천기를 담고 몸체는 지기를 올려 담는다. 사람이 사는 주택에서 가장 중요한 것은 생기다. 생기가 넘치지 않는 집은 죽은 공간이나 다름없다. 주택의 생기는 외부와 내부에 모두 있다. 외부의 생기는 주택을 비추는 햇빛으로 파악한다. 따라서 집 가까이 나무가 있거나 그늘이 지면 생기가 흩어지거나 약한 것으로 본다. 집 내부에 생기를 가득 채우려면 공간 분할이 좋아야 한다. 우선 공간에 충분한 여력이 있어야 한다. 지나치게 좁거나 가구로 채워져 빈틈이 없다면 일단 생기가 머무는 공간은 거의 없는 것이나 다름없다. 비워진 공간이 바로 생기가 있는 공간이다. 따라서 아무리 좋은 가구를 배치하고 인테리어를 조성한다고 해도 여유 공간이 없다면 좋지 않다. 만일 지나치게 넓거나 지나치게 좁은 공간만 있다면 생기가 부족한 것이다.

공간을 넓히는 기본은 버리는 것이다. 시간이 지나도 도저히 쓸 것 같지 않은 물건을 이곳저곳에 쌓아두는 것은 건강을 해치고 기를 흩트리는 것이다. 따라서 오래되고 사용하지 않는 물건은 가능한 치우도록 한다.

현관은 살림을 하는 가옥에서 기의 출입구이다. 현관은 문과 닿아 있어 출입 시 인상을 결정지으며 예부터 귀貴와 부富의 출입이 이루어진다 하였다. 현관의 기가 가족의 기를 좌우한다. 현관은 늘 청결하고 밝아야 하며 실내로 이어지는 공간이 있어야 한다. 현관이 어둡다는 것은 나쁜 기가 들어온다는 신호와 같다.

기가 모이는 집은 이런 집이다

주택이란 양택의 범주에 포함된다. 양택은 사람이 머무는 곳이며, 먹고 자는 집, 가족이 머물거나 가정을 꾸리는 집은 주택이라 한다. 주택을 포함한 모든 양택은 기가 모여야 윤택하고 건강하게 살아갈 수 있다. 이러한 측면에서 다음 두 가지 관점을 가지고 살펴볼 수 있다.

· **기맥을 타고 있는 집** 흔히 묘소를 말하는 음택만 맥을 타야 한다거

나 산줄기 이용법을 써야 한다고 생각한다면 오산이다. 죽은 사람의 유골뿐만 아니라 산 사람도 똑같이 기맥의 영향을 받는다. 기맥의 영향을 받는다는 것은 기에 따라 많은 것이 달라질 수 있다는 것을 의미한다.

사람은 여러 가지 기를 느끼거나 기의 영향을 받을 수 있다. 축축하고 습기가 많은 곳에 머물면 축축한 기의 흐름에 영향을 받고 햇살이 따스한 곳에 머물면 태양의 기를 받는다. 사람이 살아감에 있어서 가장 중요한 기는 태양의 천기와 땅에서 올라오는 지기이다. 이 중 지기는 음택에서 매우 중요하게 여기고 있지만 양택에서도 중요하게 다루어진다.

흔히 지기라고 부르는 산의 기를 받는 방법은 산의 능선을 파악하며 이루어진다. 즉 지기는 산의 능선을 따라 흐르는데, 이처럼 기가 흐르는 통로를 맥脈이라고 한다. 산과 그 속으로 흐르는 맥을 합쳐 산맥이라 하는데 이 맥은 사람의 신체처럼 기가 흐르는 통로로 인식된다. 이 맥이 흐르다 뭉치면 혈이 되는 것인데 흔히 한의학에서 사용하는 기맥이나 혈의 의미와 상통하는 바가 있다.

기는 높은 산에서 산맥을 따라 낮은 곳으로 흐르는데 높은 산을 조상으로 보고 낮은 산을 자손으로 보는 이치는 어버이가 자식을 낳고 기르는 것과 같은 이치와 맥락을 지닌다. 지나치게 높은 산이나 기가 강한 곳은 무리가 온다. 따라서 나무에 열매가 맺히듯 가늘어진 곳, 약해진 곳, 순화된 곳의 기가 인간이 사용하기 좋다. 산 아래, 산이 끝나는 곳, 산이 펼쳐진 곳에 집을 지으면 좋으며, 이에 따라 산을 등지고 집을 지으니 배산임수의 법칙이 적용된다.

높은 산이나 바위틈과 같은 곳은 강한 기를 받을 수 있다. 하지만 굵은 나무의 밑동이 지나치게 울퉁불퉁한 것처럼 거칠고 덜 정제된 기가 사람에게 영향을 미치니 선택에서 제외된다. 부드럽게 태양을 향해 뻗어나가며 열매가 맺히는 가지 끝처럼 양택지도 지각의 끝에 자리 잡는 것이 좋다.

· **천지인天地人 삼재三才가 이루어진 집** 현대 건축물은 과거 우리 조상들이 살아온 건축물과는 많은 변화가 있다. 세계 다양한 문화의 유입과 경제 발전, 건축기술의 발달이 우리의 양택에 많은 변화를 가져왔다. 또한 그에 따른 생활의 변화를 가져왔다.

우리 조상들은 그들의 사상에 따라, 자연과 조화롭게 살아야 한다고 주장했다. 그리고 하늘, 땅, 인간의 삼위일체를 생활에 적용하였다. 이를 삼재三才라 했으며 양택에도 적용하니 지붕, 몸체, 바닥이 바로 그것이다.

지붕은 하늘의 기를 상징하며 귀의 발복이라 했고, 몸체는 생산의 공간이며 사람의 기를 받는 곳이라 하여 단정하고 올바른 집을 지으려고 했다. 땅은 여자의 공간이며 재물의 터전이라고 여겼다. 따라서 반드시 지붕이 있어 집안의 명예를 추구하고 날카롭거나 난잡하지 않은 건물의 몸체로 올바른 자식을 낳고 건물을 바닥에 붙여 재물을 보전하는 이치를 지키고 살았다.

현대 건축에서도 이 삼재와 합의 이치는 변하지 않는다. 다양한 건물 형태가 생겨나고 건축 기술이 발달하여도 지붕이 있어야 하고 몸체는 네모진 형태여야 하며, 건물의 바닥이 땅에 붙어 있어야 좋은 양택이 된다.

삼재三才가 이루어진 집

하늘의 기운을 담는 지붕, 생산의 공간인 몸체, 재복과 건강의 기가 올라오는 지면에 밀착된 집, 이 중 하나라도 부실하면 올바른 집이 아니다. 슬라브처럼 물매가 없거나 몸통이 불규칙하거나 지면에서 뜬 집은 온전한 기를 받아들이는 집이 될 수 없다.

사물의 형태가 기를 바꾼다

사물의 형태는 기의 형태이다. 어떤 경우에도 타워 부근에는 살지 않는 것이 좋다. 타워는 하늘을 찌르듯 충전하였는데 예부터 이런 형태는 살기殺氣로 보았다. 고속도로 건설 후에 세우는 탑이 지나치게 뾰족한 것도 풍수적으로는 험한 모습으로 인식되고 있으며 하늘을 찌르는 마천루도 풍수적으로 좋은 선택은 아니다.

사물이 뾰족하면 뾰족한 살기가 나오고 사물이 둥글고 여유가 있으면 부드러운 기가 나타난다. 사람을 해하는 도구나 병기는 과거와 현재를 구분하지 않고 모두 날카롭다는 특징을 지닌다. 과거의 창과 칼은 물론 현대의 무기인 총알과 대포알, 미사일도 앞이 뾰족하다. 따라서 우리가 주택이나 사무실에서 사용하는 기구와 기물, 혹은 물건을 부드럽고 뾰족하지 않게 만들거나 변화시켜야 한다.

곡선을 지니거나 모서리가 부드러운 곡선으로 처리된 것을 사용하는 것이 건강을 지키고 좋은 기를 불러오는 방법이다.

3장

집안의 운을 좌우하는 방위별 풍수 인테리어

풍수

예부터 운은 사주팔자 다음으로 인간의 생활을 변화시키는 중요한 요소였다. 이러한 운을 풍수로 조절하고자 했던 것은 생활을 통해 운을 바꿔보려던 노력으로 보인다.

운은 방위에서 파악한다. 하다못해 순위를 가리는 놀이를 할 때도 어느 방향에 앉느냐에 따라 그 결과가 현저하게 달라진다는 것을 알 수 있다. 따라서 기가 어떻게 회전하고 어떻게 움직이는지 알면 상황에 따라 방을 배치하고 공간을 분할할 수 있다.

가장 중요한 것은 방향에 따라 어울리는 사람이 있고, 활동도가 달라진다는 것이다. 물론 상황이 여의치 못해 적용하기 어려운 경우도 있지만 가능한 한 적용하면 좋다.

방위별로 보는 운

· **중앙** 주택의 중앙은 기가 순환하는 축으로 모든 방향과 연결된다. 중앙은 땅을 의미하는 지역이며 모든 기의 집합장소이다.

중앙은 에너지의 통합과 건강을 의미하는 공간이다. 중앙은 사람의 심장과 같은 곳이므로 늘 청결하고 아름다워야 집안 전체의 기가 맑아지고 활기차며 가족의 화목이 이루어진다. 중앙이 정리되지 않아 지저분하거나 가전제품이 자리를 차지하고 물건이 쌓여 있으면 가족의 건강은 물론이고 화목도 기대할 수 없다.

· **북쪽** 북쪽 공간은 중남中男의 공간이자 15세에서 25세 정도의 남성을 의미한다. 이렇듯 남자를 의미하니 양陽의 공간이다. 또한 물의 기운이고, 검은색을 나타내는 곳이며 숫자로는 1과 6이 관계있다. 인체로는 신장과 방광을 의미하는 곳이다.

이곳이 함몰되거나 지나치게 돌출되면 중남에게 좋지 않은 영향을 미친다. 특히 북쪽 공간에 삼각형 공간이 나타나면 중남이 크게 다치거나 병이 오고 수술할 가능성이 높다. 따라서 공간 분할에 신경 써야 한다. 반드시 북쪽이 아니더라도 가능한 모든 방은 네모지거나 원형이어야 한다.

· **북동쪽** 북동쪽 공간은 소남少男의 구역이다. 소남은 15세 미만의 남자아이에 해당한다. 황토색을 의미하며 음양으로는 양에 해당하고, 오행의 토土를 표방하며 0과 5의 숫자와 관계있다. 북동쪽은 생장의 기운이 넘치는 공간으로 소남의 공간이지만 꺼리는 경향도 있는데 이

는 귀문방(鬼門方 : 귀신이 드나드는 방위)이라는 생각 때문이다. 그러나 귀문방은 우리의 풍수와는 어울리지 않으니 어린아이의 방으로 좋다.

주택에서 이 부분이 함몰되거나 불규칙하면 소남에게 피해가 간다. 동북쪽을 어른이 사용하거나 동북쪽에 서재를 두면 업무에서 실수하거나 돈을 헤프게 쓰는 경우가 생긴다. 태어난 지 얼마 되지 않은 어린아이의 침실이 필요하다면 동북쪽이 제격이다. 북동쪽에 가정주부의 공간을 배치하면 집안의 재산이 빠져나간다.

· **동쪽** 동쪽 공간은 장남의 공간이고, 25세에서 30세 이상의 남자에게 영향을 미치는 공간이다. 숫자로는 3과 8이며 청색과 나무의 기운을 의미하니 성장의 기운이다. 벽면이 불규칙하거나 함몰되면 장남에게 문제가 생기는데 삼각형의 공간이 배치된다면 장남의 몸에 변화가 생긴다.

동쪽 방향은 해가 떠오르는 방향으로 양기가 강하니 여자들에게는 어울리지 않는 공간이다. 하지만 양의 기운이 필요한 성장한 처녀와 양의 에너지가 필요한 할머니에게는 좋은 공간이다. 양의 기운이 강하니 음의 기운으로 생기는 우울증이나 감기가 자주 걸리는 여성은 동쪽에 일정 기간 거주하거나 거실을 만들어 들락거리면 도움이 된다.

벽이나 지붕, 혹은 담이 톱니처럼 날카롭게 돌출되고 불규칙하거나 몸체가 어지럽다면 가족 구성원 전체에게 그 불규칙한 기운이 미칠 가능성이 높다. 동쪽 방향은 공부방으로 좋다. 해가 떠올라 비추어지는 공간으로 건축 구조상 빛이 많이 들어온다면 주방으로도 좋다.

· **동남쪽** 동남쪽은 장녀長女의 공간이다. 목木의 에너지가 넘치는 구역이므로 장남의 영역인 동쪽과 에너지의 흐름이 같지만 음양이 다르다. 청색을 의미하고 3과 8의 숫자를 함축한다. 25세 이후의 딸이나 사회생활을 하는 딸이 있다면 이 공간이 좋다. 건물의 동남쪽이 함몰되면 장성한 딸이 다치거나 불명예스러운 일이 일어난다.

동쪽은 생장의 에너지가 피어오르는 곳이므로 창이 있거나 빛이 많이 들어오면 좋다. 해가 뜨는 방향이기 때문에 명성이 있는 방향이다. 화장실이나 창고를 배치하지 않는 것이 좋고 축사가 있으면 명성에 누가 된다. 식당이나 주방을 배치해도 좋고 독서를 하거나 공부를 하는 공간도 성장의 기운과 잘 어울린다. 지나치게 넓은 창을 배치하면 감수성이 있는 자녀는 밖으로 나가고자 하는 욕망이 생긴다. 따라서 여름철에는 커튼을 이용하여 적당히 가려주는 것이 좋다. 장성한 딸이 혼인을 미루거나 주저한다면 이 방향에 방을 배치하면 좋은 결과를 가져올 수 있다.

· **남쪽** 남쪽은 중녀中女의 영역으로 화火를 의미하며 2와 7의 숫자를 의미한다. 남쪽은 따스한 빛과 밝은 기운이 드는 곳이다. 남쪽이 어둡다면 집안에 거주하는 모든 사람의 건강이 의심된다. 한창 생기발랄한 여자아이의 공간이지만 겉으로 드러나는 밝은 기운과 달리 속성으로는 음의 기운이 강하다. 즉, 태양은 강한 양의 기운이고 딸은 음의 기운이니 조화를 이룬다.

남쪽은 밝은 색조로 이루어지는 것이 좋다. 지나치게 어둡다면 태양이 지니는 색의 에너지를 활용하지 못할 것이다. 만약 남쪽이 함몰되거나 불규칙한 건물의 단면을 지닌다면 15세에서 25세 전후의 딸이 아프거나 좋지 않은 영향을 받을 가능성이 많다.

· **남서쪽** 남서쪽은 노모老母의 공간이다. 오행으로 따졌을 때는 토土, 즉 땅이므로 재산의 영역이며 황토색을 나타낸다. 또 생육의 공간으로 생명의 잉태를 의미하며 자녀를 낳고 기르는 곳이다. 숫자는 0과 5, 그리고 10과 관계있다.

최근 일본에서 들어온 풍수이론 가운데 일부는 서남쪽이 안정감이 떨어진다고 주장하고 있다. 바로 서남쪽이 동북쪽과 더불어 환기를 의미하는 간방, 즉 귀문방이기 때문이라는 것이다. 서남쪽을 명리학이나 주역을 따져 귀문방이라고 하는데 일종의 간기에 해당한다고 볼 수 있다.

우리의 전통 풍수에서는 남서쪽을 밭, 돈, 그리고 출산과 어머니의 공간으로 배치한다. 이 방향을 귀문으로 보는 견해가 틀린 것은 아니나, 이는 일본 지형에 따른 것으로 한국과는 그 형상이나 배치가 어울리지 않는다.

남서쪽에 안방을 정하여 부부침실로 사용하면 안정감이 있고 재산이 쉽게 새어나가는 것을 막을 수 있다. 부부불화가 잦은 것은 여러 가지 이유가 있겠지만 이 구역을 사용하지 않는 것도 그 한 가지 이유가 될 수 있다.

때때로 서역으로 기우는 저녁의 태양이 강렬하여 가정주부가 우울증에 걸리거나 밖으로 돌 수 있다. 따라서 두꺼운 커튼이나 다른 도구로 빛을 차단하는 지혜가 필요하다.

· **서쪽** 서쪽은 소녀少女의 영역이다. 금金의 성향을 지니고 있고 흰색을 의미하며 4와 9의 숫자와 관계있다. 잉태를 의미하기도 하는데, 조선시대에는 도성을 쌓을 때 서쪽 방향을 잉태의 공간으로 인식했다. 늘 청결이 요구되며 어린 딸의 방으로 사용하는 것이 좋다. 나이 먹은 딸이 사용하면 방황하는 일이 잦아져 부모의 근심이 피어난다.

서쪽은 해가 기우는 방향이므로 날카로운 석양을 가릴 수 있는 커튼이나 블라인드 등을 배치하는 것이 좋다. 지나치게 빛이 강하면 여성에게 우울증이 오고 가정주부가 밖으로 나가려 하는 에너지가 존재한다. 부부침실이나 거실에서 서쪽이 확연하게 드러난다면 화분이나 커튼으로 가리는 것이 도움이 된다.

주택에서 이 부분에 문제가 있으면 작은딸에게 피해가 일어난다. 장녀라 해도 10살 전후의 나이면 영향을 받는다. 서쪽이 청결하지 못하고 함몰이 있으면 집안의 에너지가 탁해지고 막내딸이 그 피해를 당한다.

· **북서쪽** 북서쪽은 흔히 건방乾方이라고 부르는 곳으로 하늘의 기운이 드는 곳이다. 노부老父를 의미하는 공간이고 오행 중에 금金을 뜻하며 숫자로는 4와 9를 의미한다. 양의 기운이며 가장 강한 에너지의 흐름을 의미하는 곳이다. 하늘의 기운이 유입되는 방향이고 명예를 의미하니 어른이 사용하는 것이 이상적이다. 가장인 남편의 서재로 사용하면 좋고 집안에 연로한 부모님이 계시다면 이 구역으로 모셔도 좋다. 하지만 노모에게는 지나치게 강한 공간이 될 수도 있다.

학습자에게는 하늘의 강한 기운이 미치는 곳이므로 학습효과가 좋다. 단 나이 어린 학습자가 지나치게 오래도록 사용하거나 머물게 되면 부모의 통제를 벗어나거나 자기 마음대로 하며 때로는 반항을 할 수 있다. 따라서 만일 학업을 위해 어린 사람이 이 방향을 사용한다면 서재 형식으로 부모와 같이 학습하거나 제한적으로 사용하도록 해야 한다.

· **tip**

북서쪽 흔히 살풍의 방향이라 한다. 가장 강한 기가 드는 지역으로 이 지역이 함몰되거나 지나치게 돌출되면 가장과 노부에게 피해가 온다.	**북쪽** 중남에게 영향을 미치는 곳이다. 함몰되거나 지나치게 돌출되면 좋지 않다.	**동북쪽** 소남의 공간이다. 이곳이 지나치게 함몰되거나 돌출되면 막내아들이나 소남이 영향을 받아 좋지 않다.
서쪽 소녀의 공간이다. 지나치게 돌출되고 함몰되면 막내딸이나 어린 여자아이에게 피해가 온다.	**중앙** 기의 집합 장소이자 기가 도는 축이다. 집 내부의 정 중심에 해당하는 이곳이 청결해야 집안에 질병이 없다.	**동쪽** 장남의 공간이다. 해가 떠오르는 방향으로 양기가 강하니 여자들에게는 어울리지 않지만 양의 기운이 필요한 성장한 처녀와 할머니에게는 좋다.
남서쪽 노모, 할머니, 가정주부의 공간이며, 아울러 부부의 공간이다. 지나치게 돌출되거나 함몰되면 대상자에게 피해가 온다.	**남쪽** 중녀를 의미하며, 밝은 색조로 이루어진 것이 좋다. 지나치게 어둡다면 태양이 지니는 색의 에너지를 활용하지 못한다.	**동남쪽** 장녀의 몫이다. 지나치게 돌출되면 잘난 체로 욕을 먹고 함몰되면 병이 온다.

어디로 기가 모이는지 살펴라

주택에서 기가 모이는 곳을 파악하는 것은 어찌 보면 지극히 당연한 것이다. 건물의 형태에 따라 기가 모이는 곳이 다르다. 산은 능선을 따라 흐르는 것이 법칙이듯이 양택도 그 나름의 법칙이 있다.

기가 모이는 법칙은 비교적 단순하다. 원형이며 각이 없는 건물의 형태에서는 기가 건물의 중앙으로 모이는 현상을 보인다. 각이 있는 건물이라면 각이 있는 곳으로 기가 모이는 현상이 나타나는데 각의 수에 따라 달라진다. 예를 들어 원뿔의 경우는 건물의 중앙과 뿔의 모서리 쪽으로 기가 모일 것이다. 또 사각형 건물은 건물의 중앙이 아닌 각 모서리로 기가 모이게 된다. 삼각형의 피라미드형 건물은 각 모서리의 뿔 방향에 기가 모인다. 만약 중요한 의사결정이 필요하다면 각 모서리 부분으로 자리를 배치하여 사고하고 의사를 결정한다면 좋은 결과를 낼 수 있을 것이다.

기의 맑고 탁함을 좌우하는 창의 방향

방문과 창은 기가 출입하는 곳으로, 특히 대문은 매우 중요하다. 풍수적으로 문과 창의 역할은 방이나 창으로 들어온 기운이 머물다가 빠져나가는 것이다. 즉 바람으로 나타나는 기의 통로인 것이다.

방문이나 창문은 개폐 여부와 배치 상태에 따라 건물 내부에서 순환하는 기가 맑을 수도 있고 탁할 수도 있다. 바람이 빠른 속도로

불거나 여러 창을 통해 마구 유입되면 기가 마구 섞이고 본래의 맑은 기가 탁하게 변할 수 있다. 따라서 만약 서로 다른 기가 무리 없이 섞이게 하려면 방문과 창, 혹은 창과 창이 마주 보지 않게끔 한다. 즉 서로 대각선이 되도록 해야 한다. 창은 약간 돌출되는 것이 좋으며, 만약 창이 마주 본다면 공기를 순환시킬 때 대각선의 창을 열어야 한다.

맑은 기가 흐르는 공간은 사람을 명랑하게 만들지만 탁한 기가 흐르는 공간은 마음을 어지럽히고 의기소침하게 만든다. 예를 들어 지하공간은 음택의 공간이기 이전에 공기의 순환이 이루어지지 않으므로 사람을 음침하게 만든다.

창은 내부 공기가 오염됐을 때 재빨리 배출될 수 있도록 합리적

기의 집중 원형 건물은 기가 중앙으로 모이는 속성을 지닌다.

인 구조를 가져야 한다. 오염된 공기는 주로 천장에 많이 모이므로 창을 천장 높이까지 설치하는 것도 한 가지 방법이다. 천장 높이에서 열리는 창은 오염된 공기를 신속하게 배출할 수 있다. 만일 이것으로도 오염된 공기를 빼낼 수 없다면 환풍기를 설치하여 강제로 배기한다.

집안의 운을 좌우하는 문의 방향

공동주택이나 아파트와 같은 주거지, 혹은 양택에서는 많은 사람이 드나드는 공동의 현관이 아닌 개별 세대의 문이 대문 역할을 한다. 이 문이 어느 방향으로 나 있느냐에 따라 그 집의 운과 기의 흐름이 결정된다.

풍수지리에서는 동서남북의 정방위와 동북, 남서, 남동, 북서의 우방위를 합쳐 총 8가지로 나누어 판단하고 있는데 이는 팔괘의 법칙에 기인하고 있다. 각각의 방위는 지향점이 있고 흐르는 기가 다르다. 이를 오행으로 적용하면 문의 방향에 따라 누가 발복하고 어떤 기가 작용하는지 파악이 가능하다.

문에 따라 좋은 집과 나쁜 집이 판가름난다. 근본은 팔택법에 따른다. 우리나라에서는 동서사택법이라 부르는 기법으로 문주조門主灶, 즉 대문, 주(기운이 모이는 곳), 주방의 삼위일체를 따진다. 동사택은 동사택 범위에 문주조가 모두 배치되어야 하고, 서사택은 서사택의 범위에 문주조가 배치되어야 한다. 동사택은 각기 동쪽, 동남쪽, 북쪽, 남쪽이며, 서사택은 서쪽, 서북쪽, 서남쪽, 동북쪽이 포함된다. 각기 같은 범위 내에 문주조가 배치되면 배합사택으로 복가福家라 하고,

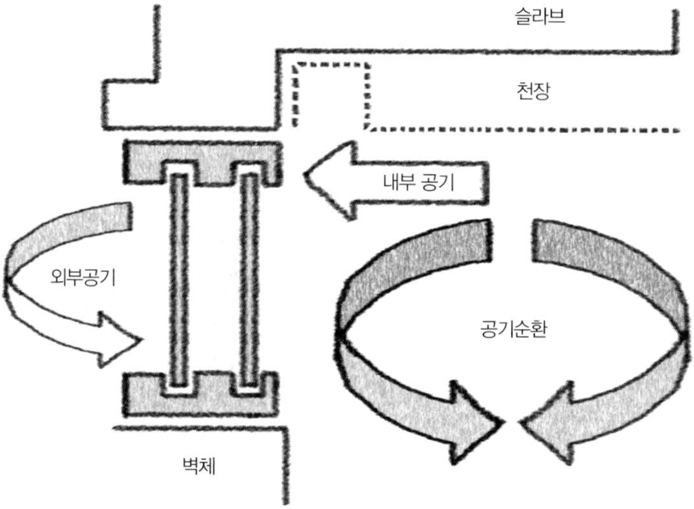

창의 형상 창은 기가 출입하는 곳이다. 약간 돌출되는 것이 좋으며 창과 창, 문과 문 혹은 창과 문이 마주 보는 것은 좋지 않다. 만약 창이 마주 본다면 공기를 순환시킬 때 대각선의 창을 열어야 한다.

공기순환 집 안의 공기순환은 건강과 직결된다. 공기순환이 원활하지 않은 구조를 지닌 주택은 인공적인 공기순환 장치를 반드시 마련해야 한다.

동사택 범위와 서사택 범위에 문주조가 흩어져 배치되면 불배합사택으로 흉가凶家라 한다.

· **북쪽 문** 배합사택일 경우 집에 살기 시작하여 1년 또는 6년이 지나는 시점에 수기의 발복이 있어 중자가 출세하거나 좋은 일이 일어난다. 혹은 수기의 영향으로 가정에 좋은 영향이 있거나 사업이 부흥한다. 불배합사택의 경우는 이 집에 살기 시작해서 1년 또는 6년이 지나는 시점에 중자가 신장이나 방광을 앓거나 쓰러진다.

· **북동쪽 문** 배합사택일 경우 집에 살기 시작하여 5년 또는 10년이 지나는 시점에 토기의 발복이 있어 막내아들이나 어린 아들에게 좋은 일이 일어난다. 혹은 수기의 영향으로 가정에 좋은 영향이 있거나 사업이 부흥한다. 불배합사택일 경우 집에 살기 시작한 그해나 5년 또는 10년이 지나는 시점에 토의 영향으로 막내아들이나 어린 아들이 위장이나 비장에 영향을 받거나 쓰러진다.

· **동쪽 문** 배합사택일 경우 집에 살기 시작하여 3년 또는 8년이 지나는 시점에 목기의 발복이 있어 장남이나 다 자란 아들에게 좋은 일이 일어난다. 혹은 목기의 영향으로 가정에 좋은 영향이 있거나 사업이 부흥한다. 불배합사택일 경우 집에 살기 시작하여 3년 혹은 8년이 지나는 시점에 목의 영향으로 장남이나 다 자란 아들이 간이나 담낭에 영향을 받거나 쓰러진다.

· **동남쪽 문** 배합사택일 경우 집에 살기 시작하여 3년 또는 8년이 지나는 시점에 목기의 발복이 있어 장녀나 다 자란 딸에게 좋은 일이 일어난다. 혹은 목기의 영향으로 가정에 좋은 영향이 있거나 사업이 부흥한다. 불배합사택일 경우 집에 살기 시작하여 3년 또는 8년이 지나는 시점에 목의 영향으로 장녀나 다 자란 딸이 간이나 담낭에 영향을 받거나 쓰러진다.

· **남쪽 문** 배합사택일 경우 집에 살기 시작하여 2년 또는 7년이 지나는 시점에 화기의 발복이 있어 중녀나 25세 전후의 딸에게 좋은 일이 일어난다. 혹은 화기의 영향으로 가정에 좋은 영향이 있거나 사업이 부흥한다. 불배합사택일 경우 집에 살기 시작하여 2년 또는 7년이 지나는 시점에 화의 영향으로 중녀나 25세 전후의 딸이 심장이나 소장에 영향을 받거나 쓰러진다.

· **남서쪽 문** 배합사택일 경우 집에 살기 시작한 그해나 5년 또는 10년이 지나는 시점에 토기의 발복이 있어 주부나 노모에게 좋은 일이 일어난다. 혹은 토기의 영향으로 가정에 좋은 영향이 있거나 사업이 부흥한다. 불배합사택일 경우 집에 살기 시작한 그해나 5년 또는 10년이 지나는 시점에 토의 영향으로 주부나 노모가 위장이나 비장에 영향을 받거나 쓰러진다.

· **서쪽** 배합사택일 경우 집에 살기 시작하여 4년 또는 9년이 지나는 시점에 금기의 발복이 있어 막내딸이나 어린 소녀에게 좋은 일이 일

어난다. 혹은 금기의 영향으로 가정에 좋은 영향이 있거나 사업이 부흥한다. 불배합사택일 경우 집에 살기 시작한 그해나 5년 또는 10년이 지나는 시점에 금의 영향으로 막내딸이나 어린 딸이 폐나 대장에 영향을 받거나 쓰러진다.

· **북서쪽 문** 배합사택일 경우 집에 살기 시작하여 4년 또는 9년이 지나는 시점에 금기의 발복이 있어 가장이나 늙은 아버지에게 좋은 일이 일어난다. 혹은 금기의 영향으로 가정에 좋은 영향이 있거나 사업이 부흥한다. 불배합사택일 경우 집에 살기 시작하여 4년 또는 9년이 지나는 시점에 금의 영향으로 가장이나 늙은 아버지가 위장이나 비장에 영향을 받거나 쓰러진다.

· tip

북서쪽 문

북서쪽은 주택에서 가장 강한 기운을 의미하는 곳이다. 서쪽과 같은 기운이지만 음양이 다르고 건양(建陽)의 기운으로 양기가 매우 강하다. 금(金)과 흰색, 부친, 노부, 4와 9를 나타낸다. 또한 폐와 대장을 의미한다. 주택에서 이 부분에 문제가 있으면 가장에게 피해가 생긴다. 가장의 역할을 하는 사람이라면 나이와 성별에 상관없이 이 공간의 영향을 받는다.

북쪽 문

북쪽은 물과 검은색, 중남, 1과 6을 나타낸다. 또한 신장과 방광, 여자의 생식기를 의미한다. 주택에서 이 부분에 문제가 있으면 중남에게 피해가 생긴다.

북동쪽 문

북동쪽은 흙(土)이며 황토색, 소남, 0과 5, 그리고 10을 나타낸다. 또한 비장과 위장을 의미한다. 주택에서 이 부분에 문제가 있으면 소남에게 피해가 생긴다. 아울러 10세 언저리의 남자아이에게도 영향이 미친다.

서쪽 문

서쪽은 생식기를 의미하며 생산의 기운이다. 금(金), 흰색, 소녀, 4와 9를 나타낸다. 또한 폐와 대장을 의미한다. 주택에서 이 부분에 문제가 있으면 작은딸이 피해를 입는다. 장녀라 해도 10살 전후라면 이곳의 영향을 받는다.

동쪽 문

동쪽은 나무(木), 녹색(청색 포함), 장남, 3과 8이라는 숫자를 나타낸다. 또한 간과 담낭을 의미한다. 주택에서 이 부분에 문제가 있으면 장남에게 피해가 생긴다. 장남이 아니라 해도 30세 전후의 남자라면 영향을 받는다.

남서쪽 문

남서쪽은 안정감이다. 땅(土), 황토색, 어머니, 0과 5, 그리고 10을 나타낸다. 또한 비장과 위장을 의미한다. 주택에서 이 부분에 문제가 있으면 어머니가 피해를 입는다.

남쪽 문

남쪽은 뜨거운 기운이 고조된 곳이다. 불(火), 붉은색, 중녀, 2와 7을 나타낸다. 또한 심장과 소장을 의미한다. 주택에서 이 부분에 문제가 있으면 중녀가 피해를 입는다.

동남쪽 문

동남쪽은 동쪽과 기운이 비슷하다. 다만 음양이 다르다. 나무(木), 녹색(청색 포함), 장녀, 3과 8이라는 숫자를 나타낸다. 또한 간과 담낭을 의미한다. 주택에서 이 부분에 문제가 있으면 장녀에게 피해가 일어난다. 장녀가 아니라 해도 30세 전후의 여자라면 영향을 받는다.

좋은 집의 방위

일반적으로 좋은 집의 방위는 기본적으로 8개 방위로 나눈다. 이를 중국에서는 팔택법이라 하고 우리는 동서사택법이라 부른다. 동서사택법에 따라 방위를 정하니 주택삼요를 배치시키는 방법이다. 주택을 판별할 때는 3요要라고 하여 주택계획의 핵심 3요소인 대문門, 주主, 주방灶을 살핀다.

동사택은 각기 동쪽, 북쪽, 남쪽, 남동쪽을 가리키고, 서사택은 서쪽, 서북쪽, 남서쪽, 동북쪽을 가리킨다. 좋은 집의 방위는 이 방향에 문주조가 일치하는 것을 살피는 것이다. 동사택은 동사택의 범위 내에 문과 주, 그리고 주방이 배치되는 것이다. 같은 방향이 아닌 같은 사택의 범위에 배치되는가를 살핀다. 즉 문이 동쪽이고 주가 남쪽이며 주방이 북쪽이라면 이는 배합사택으로 올바른 방위에 지어졌다 말한다. 문이 서쪽, 주가 서남쪽, 부엌이 동북쪽이면 서사택으로 지어진 좋은 집이라 말한다.

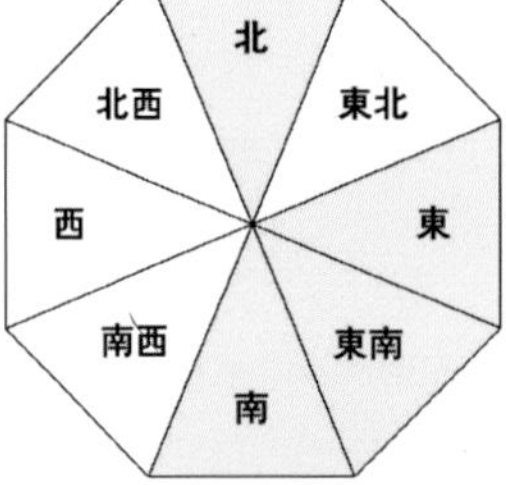

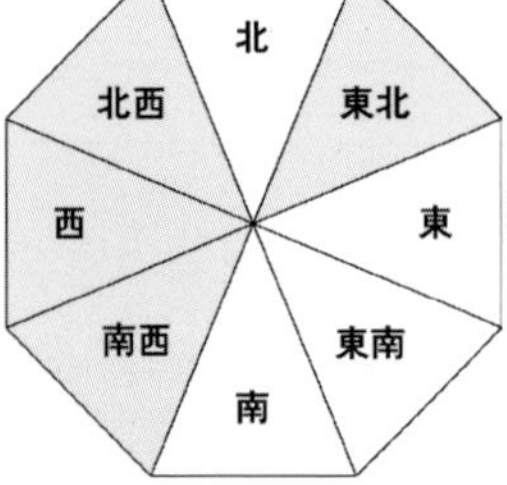

팔택법 동사택은 각기 동쪽, 북쪽, 남쪽, 남동쪽을 가리키고, 서사택은 서쪽, 서북쪽, 남서쪽, 동북쪽을 가리킨다. 좋은 집의 방위는 이 방향에 문주조가 일치하는 것을 살피는 것이다.

좋은 집의 방위는 단순히 남쪽을 바라본다고 좋은 것이 아니고 북쪽을 바라본다고 나쁜 것이 아니다. 동서사택법에 따라 방향을 정하는 것이 올바르게 정하는 것이다. 즉 올바른 방위란 동서사택법에 부합되는 방위를 말하는 것이다.

· **일의 성과를 올리는 방위** 일에는 각각 어울리는 방향이 있는데 이는 사업장에서 적용 가능하다. 가정에서, 혹은 주택에서 일의 성과를 올리기 위해서는 강력한 기운을 받아들이는 장소가 필요하다. 사무실과 달리 가정은 살림집이라는 요소를 가지고 있으며 안방, 거실, 주방, 식당, 아이 방, 화장실 등으로 이루어져 있다. 만약 사업을 하는

서북쪽 서북쪽은 가장 강한 기가 인입(引入)되는 곳이다. 따라서 의사결정이 요구되거나 집중적인 연구, 학습, 서재의 공간으로 적합하다. 근본적으로 가장의 서재, 사무실에서는 대표자의 자리에 해당한다.

사람, 혹은 단기간에 성적을 올려야 하는 수험생, 기획을 하는 사람, 혹은 의사결정을 해야 하는 사람이라면 반드시 필요한 방향이 있다.

이런 사람에게는 건방이라고 부르는 방향이 그 해답이 된다. 흔히 술방戌方, 건방乾方, 해방亥方이 해당하는 공간인데, 반드시 집의 중앙에서 파악해야 한다. 일반적으로 서북방이라고 생각하면 된다.

동양학에서는 방향을 8개로 나누는데 이를 동서사택법으로 정의한다. 이 8개의 방위는 각기 오행을 적용하고 육친을 나누어 배치하는데 건방은 노부의 자리이고 가장 강한 하늘의 기운이 들어오는 곳이다. 따라서 이 공간을 차지하거나 이 공간에서 활동한다면 의지력이 생기고 의사결정권은 물론 판단력과 성적도 확연하게 좋아진다. 이 방향에 서재를 배치하고 의사결정의 공간으로 사용하면 일이 잘 풀리게 된다.

4장

건강과 재물을 가져오는 명당의 조건

풍수

집터는 집을 짓기 전에 찾아야 한다. 집터를 찾는 학문은 양기풍수라 하여 양택풍수와 분리하였다. 즉 양기론이라는 학문적 이론을 바탕으로 터를 잡고 난 뒤 양택론이라는 학문에 맞추어 집을 지었던 것이다. 양기풍수이론은 오래전부터 풍수사상의 양택론에 섞여 전해져 오고 있다.

집을 선택하거나 짓기 이전에 좋은 집터를 선택하는 요령이 있다.

집의 좌향

좌향은 집이 향하는 방향을 말하는데 집을 지을 때는 좌향을 가린다. 양의 좌향에서 바라보는 방향이 남향 또는 동향으로 햇빛이 잘 들고 따뜻해야 한다. 우리나라는 북반구에 자리하고 있으므로 남쪽을 바라보아야 가장 많은 햇빛을 받을 수 있다.

양택이라는 말은 곧 햇빛이 많이 드는 집이라는 의미이므로 햇빛이 많이 들어야 좋은 집이다. 생기는 땅에서만 받는 것이 아니라 태양으로부터도 받는다. 햇빛이 충분히 드는 집은 밝고 활기가 있으며 병이 적다. 그에 합당한 터가 동향이나 남향인 것이다. 흔히 살림집이라고 표현되는 주거지로 집을 짓는 땅은 근본적으로 습기가 적고 윤기가 감도는 생토를 바닥으로 삼아야 한다. 이러한 조건과 함께 배산임수가 이루어져야 한다. 아무리 남향을 주장해도 배산임수가 이루어지지 않으면 이는 뒤집어진 집과 같다. 우리나라는 겨울철에 찬바람이 불어오고 황사가 날아온다. 따라서 북쪽과 북서쪽이 막혀야 안정감이 있다. 또한 여름에는 동남풍이 불어오는 지세를 가지고 있어 남향 또는 동향을 해야 겨울철에 햇볕을 받아 집이 따뜻하다.

햇빛이 많이 들어온다는 것은 전통적으로 땔감이 적게 들며 병이 없다는 것을 의미한다. 과거 전통 사회에서 땔감과 병은 매우 중요한 문제였다. 북쪽을 바라보거나 서쪽을 바라보는 집은 기운이 쇠한다구하여 피하는 경향이 있었지만 이는 결론적으로 땔감과 햇볕이 집 안으로 들어오는 문제이기도 하다. 즉 이런 집은 겨울에는 춥고 반면에 여름에는 덥다. 그러나 이 역시 배산임수가 이루어지고 지세가 그러하다면 생각해볼 여유가 있다. 만약 북향으로 집을 짓는다면 건물의 뒤가 남향이 되므로 산에서 조금 떨어져 뒤쪽으로도 빛이 들어와야 하고 북서쪽이 트여 있어서는 안 된다.

현대사회에서는 조명과 같은 시설이 발달하니 양택에서 필요한 일부 요소들을 충족시킬 수 있다. 양택은 근본적으로 빛이 밝고 항상

볕이 들어 따뜻한 집을 좋은 집으로 본다. 빛이 없고 음습하다면 양택의 조건이 아니다. 지하실은 음습하고 빛이 없으므로 양택의 조건에서 제외된다. 드라이 에어리어(dry area : 건물 주위를 파서 옹벽을 설치함)가 있고 선큰가든(sunken garden : 지하 공간에 꾸민 정원)이 있어도 지하시설은 음택일 뿐 양택이 아니다.

양택은 근본적으로 햇빛을 필요로 한다. 조명으로 보충한다고 해도 천연의 양기와는 비교될 수 없다. 양택이라는 기준으로 살피면 생명력이 충일한 아침 햇빛이 좋고 저녁 햇빛은 숙살지기肅殺之氣라 하여 사람을 죽이거나 식물을 죽이는 살기로 파악되는 속성이 있다. 따라서 가을이나 서쪽의 햇살은 오히려 생기를 잃게 한다.

대지와 건물의 모양 및 이력

대지는 천차만별의 형태를 지니고 있다. 대지의 형태가 그 대지에 지어지는 가옥의 기를 좌우한다. 지나치게 기운 대지는 축대를 쌓는 등 설계 시 토목에 대한 비용이 추가로 든다. 더욱 두려운 것은 기울기가 심하면 뒤에서 산이 무너져 내리거나 뒷집의 축대가 나에게 해를 끼칠 수 있다는 것이다. 또한 비가 오면 물이 쏟아져 내리거나 돌이 굴러올 수도 있다.

따라서 집을 지을 대지는 기본적으로 평평하고 안정감이 있어야 한다. 흙을 부어 평평하게 만들 수도 있지만 처음부터 평평한 땅이 좋다. 완벽하게 평평한 것보다는 눈에 보이지 않을 정도로만 기울어져 앞이 낮고 뒤가 높아 물이 자연히 흘러내리거나 뒤에서 앞으로 바람이 불어내리는 택지가 되어야 한다. 이를 전저후고前低後高라고 하는데 양택을 지을 때 가장 먼저 생각해야 하는 것 중 하나이다. 흙을 메워 대지를 높여 집을 짓는 경우가 있는데, 이는 뒤가 받쳐주지 않고 산이 없는 것과 같아 불안할 수 있다. 애초에 대지를 선택할 때 안정감이 있고 도로보다 높은 터를 찾아야 한다.

안정감이란 대지의 형태와 건물의 형태에 모두 적용된다.

경사가 심하거나 뒷산이 지나치게 기울거나, 혹은 뒤가 아무것도 없이 벌판에 건물의 등을 보이는 형상은 불안하다. 지나치게 뾰족하거나 가는 건물, 비틀어진 형상의 건물, 폭이 좁은 건물, 지붕의 경사가 심한 건물, 지붕이 뾰족하거나 뾰족한 물체가 지붕에 있는 건물, 가분수 건물, 지면에서 바닥이 뜬 건물, 모서리가 너무 많은 건물 등은 안정감이 떨어지는 건물이다. 불안한 형태의 가옥은 아무리 치장을 잘하고 축대를 잘 쌓아놓았다 하더라도 안정감이 떨어진다. 거주자도 불안감을 느끼니 만사가 피곤하고 일이 잘 되지 않는다.

대지의 모양도 네모진 것처럼 방정하여 안정감이 있어야 하는데 한쪽이 들어가거나 튀어나오거나, 혹은 삼각형이거나, 지나치게 긴 대지는 좋지 않다. 특히 삼각형 대지는 사람에게 상처를 입히거나 사업에 흉이 된다. 지나치게 긴 대지는 빈상貧相이라 하여 사람을 가난하게 만든다. 앞이 넓고 속이 지나치게 좁거나 뒤가 좁은 형태의 대지 또한 마찬가지로 이런 땅에 집을 짓는다면 평생 재물과는 인연이 없을 것이다.

반면 앞이 좁고 뒤가 넓은 형태를 지니고 있는 대지야말로 재산을 모을 수 있다. 즉 대지의 분할에서 입구는 좁아야 하고 내부는 넓어야 한다.

대지의 기운은 그 터의 이력과도 통한다. 과거에 사람이 많이 죽은 땅, 성벽 앞, 절터, 기도를 하는 터, 과거 관청이 자리했던 자리, 무속인의 터, 사람을 죽인 사형장터, 공동묘지터, 화학공장부지와 같은 터는 피한다. 죽음의 공간에서는 죽음의 기운이 스멀거린다.

흙도 중요하다. 풍수지리에서 가장 좋은 흙은 비석비토다. 흙과 바위의 중간쯤 되는 흙으로, 마사토 정도가 좋은 흙이다. 무엇보다 습기가 없어야 좋은 터이고 바람이 자고 칼바람이 들어오지 않아야 한다. 폭포가 보이거나 깨진 돌, 바위가 흘러내리는 모습이 보이지 않아야 하고, 주변이 지나치게 허하여 산이 푹 파인 듯 보이는 곳, 산이 쑥 내려가 마치 땅에 닿은 듯 보이는 곳은 좋지 않다. 험한 바위가 보이거나 칼처럼 보이는 산, 건물 틈이 보이면 좋지 않다.

땅의 기울기

각 나라마다 그 지형의 생김이 다르고 지세가 다르다. 우리와 중국이 다르고 또 우리와 일본이 다르다. 따라서 각기 독특한 형태의 풍수가 나타난다.

우리나라의 땅은 동쪽이 높고 서쪽이 낮으며, 북쪽이 높고 남쪽이 낮은 특징을 지닌다. 문제는 우리의 지세에서 가장 무서운 바람이 북서풍이라는 것이다. 겨울철의 찬바람도, 황사가 불어오는 곳도 북서쪽이다. 그래서 예부터 이 땅의 사람들은 북서쪽에 높은 지대가 위치하여 바람을 막아주기를 바랐다. 북서쪽이 높아 자연스럽게 경사진 남동쪽은 태양 빛을 많이 받고 자연스레 물이 흘러나가는 곳이 된다. 그러므로 북서쪽 산을 등지고 낮은 곳을 향하는 것이 좋다. 이러한 모습이 전형적인 배산임수라 할 수 있다. 즉 뒤에는 산이 버텨 안정감을 주며 남쪽에는 물이나 도로가 흘러야 길하다. 도시 풍수에서는 물이 보이지 않으면 도로가 물의 역할을 대신한다. 이처럼 배산임수가 이루어져야 하지만 지나치게 기우는 것도 좋지 않으니 완만한 기울기여야 한다.

교통

지구는 항상 변화한다. 풍수의 적용도 그에 따라 변해야 한다. 현대인들은 시간에 쫓기며 살고 있다. 따라서 풍수적으로도 교통이 편리한 곳이 좋다.

대지와 건물은 사람이 거주하는 곳이다. 현대사회에서는 아무리 건물이 좋고 대지가 안정적이더라도 교통이 연결되지 않는다면 가치 없는 땅이다. 아무리 좋은 물건이어도 찾는 사람이나 사용자가 없다면 무용지물인 것처럼 말이다.

현대의 주택이나 양택의 개념에서 교통은 그 효용가치를 결정짓는 중요한 요인 중 하나이다. 아무리 좋은 물건이라도 효용가치가 있어야 그 진가를 발휘할 수 있다. 대지와 택지는 교통이 좋아야 효용가치가 있다. 집을 지으려 한다면 대지의 사면 중 최소한 한 면은 도로와 접해 있어야 한다.

간혹 도로의 모퉁이가 좋은 터라는 인식이 있는데 이는 상업적 관념에서 파악하는 것이다. 상가로는 두 개의 도로가 닿는 것이 좋지만 거주 목적의 주택은 여러 면이 도로와 인접하면 좋지 않다. 양택풍수에서 도로는 물과 같기 때문에 주택 주변으로 도로가 에워싸듯 많다는 것은 물속에 집이 있는 형상이고 배처럼 떠 있는 모습이라 불안정하다. 또 오가는 차로 시끄럽고 바람을 타며 위험하기도 하다. 최소한 한두 면은 도로에 접해야 하지만 그보다 많으면 좋지 않은 택지가 된다. 실제로 여러 면이 도로에 붙은 땅과 하나만 닿은 땅은 가격차가 있다.

맹지는 도로가 닿지 않는 땅이다. 맹지는 어떤 경우에도 택지로는 나쁘다. 간혹 이런 맹지를 구입하거나 집을 지어놓고 고민하거나 어찌할 바를 모르는 경우를 본다. 실제로 도로가 닿지 않는 맹지는 건축법상 건축이 불가능하다. 미래를 보고 투자하는 것이 아니라면 맹지는 주택을 지을 땅으로 선택하지 않는다.

전경

예부터 안산案山이 좋으면 후손에게 좋은 일이 일어난다고 하였다. 이 말은 곧 앞산이 좋아야 한다는 의미이다. 주택을 에워싸고 있는 주위와 전경은 그 집에 사는 사람에게 정신적으로 혹은 정서적으로 많은 영향을 미친다. 전경이 좋은 집에 사는 사람은 삶의 활동성이 좋다.

집의 좌측을 살펴 불규칙한 물체나 건물, 산이 보이면 아들에게 나쁜 영향이 있고, 우측의 물체나 건물, 산이 불규칙하고 험하면 딸에게 나쁜 영향이 있다. 집 앞의 건물, 물체, 산이 험하거나 불규칙하고 각지고 모나며 무너지는 형상이면 며느리의 행실에 문제가 발생한다.

5장

미리 알고 대비하는 흉가의 조건

풍수

집을 지을 때는 많은 것을 생각해야만 한다. 일단 집을 짓고 나면 개축이 쉽지 않고 때로는 이사를 가지 못하고 묶이는 곳도 있다. 집이란 가족 전체가 머무는 곳이고 대지와 가상의 영향을 받는다. 나쁜 대지와 나쁜 가상이라면 일가족 모두에게 좋지 않은 영향을 미친다. 따라서 좋은 집터를 찾는 것이 급선무이지만 실수하여 나쁜 집터를 차지하지 않는 것도 중요하다. 나쁜 집터는 어떤 형태인지 미리 파악하고 인식해두자.

어둡고 그늘진 집

양택이라는 말은 햇빛이 많이 들어와 밝은 집이라는 의미이다. 반면에 집이 어둡다는 것은 위치한 방향이 나빠서 햇빛이 들지 않거나 주변의 다른 여건으로 인해 빛이 들지 않음을 말한다. 햇빛이 들지 않으면 습하고 춥기 때문에 난방비도 많이 들고, 병이 많다. 예부터 주변이 높고 앞이 가로막히면 자손의 출셋길이 막히고 먹을 것이 없다 했으니 심사숙고할 일이다.

막다른 골목 집

대로에 난 골목을 따라 양 옆으로 집들이 있는데 그 골목 끝에 자리하고 있는 집이다. 옛날 대갓집 중에 이러한 집이 있는데 그 당시에는 좌우로 집이 없었다. 그러나 세월이 흘러 좌우로 집이 생겨 골목이 이루어진 형태이다. 이 골목은 바람골이 된다. 바람이 타고 흘러 정면의 집을 찌른다. 풍수지리에서 중요한 것은 바람의 흐름이다. 다시 말해 바람의 흐름을 잘 파악해야 하는데, 이러한 바람은 살기가 된다. 집안에 우환이 일고 심한 경우 불상사가 일어난다. 도로뿐 아니라 물이 직선으로 다가와도 좋지 않다.

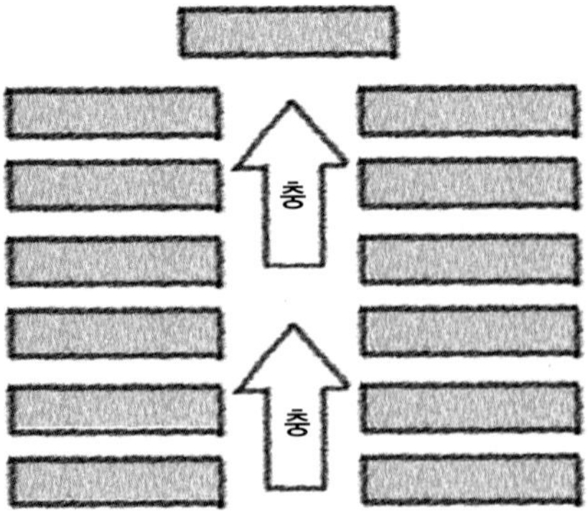

막다른 골목 집

막다른 골목 집은 매우 흉하다. 골목을 따라 불어온 바람이 정면으로 찌르고 들어가니 이는 마치 칼로 찌르는 것과 같다. 파산하고 사람이 죽거나 불행한 일들이 연이어 일어난다.

좌우로 아파트가 배치되어 바람골이 형성되었는데 마지막에 바람을 차단하듯 세워진 아파트가 있다. 이 아파트에는 사고가 많이 나고 아픈 사람이 많다.

흙의 상태

풍수지리 이론에 따르면 집을 지을 때는 지기를 받을 수 있는 생토에 지어야 한다. 땅에 흐르는 지기는 재산, 여자, 건강을 의미하는 기이며, 이 기는 암반을 타고 흘러 생토로 표출된다. 아무리 터가 안정적이라고 하여도 생토가 아닌 매립지라면 다시 생각해봐야 한다. 바다를 매립하였거나 내륙이라 해도 다른 곳에서 흙을 퍼다 부었다면 세밀하게 살펴야 한다.

시대가 변하고 현대사회의 도시계획상 대규모 토목이 이루어지면서 매립지가 많이 생겨나 대지의 형태가 달라졌다. 문제는 매립하기 이전의 터가 무엇이었는지 모른다는 것이다. 논이었는지, 무덤이 있었는지, 혹은 우물이 있었던 곳은 아닌지 알아야 한다. 예부터 사람이 많이 죽은 곳, 전쟁이 일어나 시신을 묻은 곳, 절터, 기도하던 곳 등에는 집을 짓지 않았다.

더욱 중요한 것은 매립한 흙이 어디서 온 것인지 파악하는 것이지만 사실 쉽지 않은 일이다. 인간에게 해로운 화학성분이 있는 화학공장의 땅인지, 공장의 슬러지가 섞여 있는지, 갯벌의 흙인지 알 수 없다. 극단적인 예이지만, 만일 묘소의 흙이 매립되고 그 속에 유골이 섞여 있다면, 그 위에 지은 집에서는 사람이 죽는다는 것이 풍수지리의 일반론이다.

따라서 생토가 답이다. 그러나 생토가 아닐 경우라면 대지가 어떤 용도로 쓰였던 곳인지, 혹은 어느 곳에서 가져온 흙으로 매립하였는지 살펴보아야 한다.

지붕의 높이

간혹 별채나 창고, 가축을 키우는 공간이 안채보다 높은 경우가 있다. 인위적인 측면에서 가축을 기르는 축사가 필요하거나 창고가 필요해 높게 지었다면 살림집을 그보다 더 높이 지으면 된다.

가장 중요하게 살펴야 하는 것은 대지의 바닥이다. 사랑채나 축사, 혹은 창고가 본채를 압도하면 그 집의 거주자에게 좋지 않다. 맨 처음 땅을 구매하고 집을 설계할 때부터 살림집이 가장 높은 곳에 자리하도록 해야 하며 살림집의 지붕이 가장 높아야 한다. 그 다음으로 주변에 다른 건물들이 배치되어야 한다. 그러나 주변을 에워싼 다른 집들이나 주변의 산들은 살림집보다 약간 높아야 에워싼 형식이 되어 안정감이 있다.

· **지붕보다 높은 나무** 이를 나쁜 의미에서 살殺이라 부르기도 하는데 나무가 크면 그 뿌리도 크니 집의 생기를 가져가 거주자들에게 해를 끼친다는 이치이다. 큰 나무 밑에는 습기가 많고 벌레가 끼며 낙뢰가 떨어지기도 한다. 더불어 나무뿌리가 자라면 벽체에 금이 가게 만들

지붕보다 높은 나무

지붕보다 높은 나무는 집 안에 들이지 않는다. 마당에 큰 나무를 들인다면 재산이 나가고 명예를 잃을 것이다. 문 앞에 지붕보다 큰 나무가 가리고 있다면 한자의 한(閑)과 같은 형상이니 가장이 명예를 잃을 것이며 할 일을 잃을 것이다.

기도 하는데 나무가 크면 거주자가 곤란해지고 우울증이 온다는 것이 풍수지리의 정설이다.

터의 이력

집은 대를 이어 사는 곳이다. 혹자는 세월이 흐르면서, 또는 사람에 따라 좋고 나쁜 집이 있다고 한다. 그러나 근본적으로 나쁜 집이 좋아질 수는 없다. '명궁'이라 해서 개개인의 나이에 맞는 집이 있다는 것은 틀린 말이 아니지만 근본적으로 나쁜 집이 좋아지는 것은 아니다. 따라서 누군가 살다가 비명횡사와 같은 이유로 죽거나 집안이 망해서 나간 집은 좋지 않다. 괜찮다고 우습게 생각한다면 큰일이다. 땅은 공평하고 누구에게나 같은 기운을 준다. 집안이 망한 이유는 분명히 있기 마련이다. 단순히 운이 나쁜 것이 아니다. 이유를 찾아보면 집의 좌향이나 안방, 부엌 등의 배치가 잘못되었거나 계곡, 수맥 등의 영향이 반드시 있다.

연못

집 안에 물길을 들이는 것은 나쁘다. 예부터 집 안에 우물이 있으면 여자들의 수명이 짧다고 했다. 이는 여름철 수인성 전염병을 일으키는 원인이 된다. 마당에 물이나 연못이 있다는 것은 지하에 수맥이 있을 가능성을 보여주는 것이며 집 안에 습기가 찰 확률이 높으므로 건강을 위협한다. 따라서 이러한 집일수록 우환이 있고 병

마당의 연못과 물

집 안에 연못을 파고 풀장을 만드는 경우는 나쁘며 물길을 들이는 것도 좋지 않다. 그러나 주변 지형이 지나치게 화기가 강하면 물을 끌어들여 비보하기도 한다.

이 많다. 물을 사용하지 않아도 마찬가지다. 마당에 우물이 있는 것만으로 병을 불러들이는 것이다. 더욱 나쁜 것은 그 연못에 분수대를 설치하는 것이다. 그러나 주변 지형이 지나치게 화기가 강하다면 물을 끌어들여 비보한다.

동일한 두 개의 집

풍수지리의 이론 중에는 "하나의 터에 동일한 집을 짓지 마라", "하나의 혈장에 두 개의 묘를 쓰지 마라", "조상 묘 부근은 망지이다" 등의 격언이 있다. 이는 쌍둥이처럼 동일한 면적, 동일한 터에 동일한 기운을 가진 두 개의 존재가 있다면 대립한다고 보기 때문이다. 동일한 나무나 동일한 물체도 동시에 배치하지 않으며 이름도 그와 같은 법칙을 따진다. 쌍룡, 쌍 독수리, 쌍 호랑이 등과 같은 이름이나 같은 의미를 지닌 경우도 그렇다.

좌우대칭인 주택이나 건물은 좋다. 그러나 동일한 형태의 집이 연달아 있거나 마주 보면 좋지 않다. 이는 한 공간에 동일한 힘을 가진 두 개의 물체가 기 싸움을 벌이는 것과 같다. 9.11테러로 파괴된 미국의 세계무역센터가 그런 경우다. 두 개를 연이어 붙여놓은 우리의 도투마리 집이나 중국의 공자방, 강자방도 좋지 않다. 공자방과 강자방은 영어의 H, 즉 한자의 工자형 집을 말한다. 재산이 흩어지며 자식이 일찍 죽고 가장이 비명횡사한다.

두 개의 집이 비슷하거나 동일한 모양을 지닌 경우라 하여도 담을 치면 조금 낫다. 그런데 기존의 두 집 사이를 가로막고 있던 담을 터서 한 집으로 사용하거나 왕래를 하면 좋지 않다. 간혹 사이가 좋아 서로 담을 트고 살면 당분간은 좋으나 결국 감정이 상하는 일이 생기고 한 집은 이사 가는 일이 생긴다. 문은 모든 기의 출입구이므로 문이 두 개면 기가 쌓이지 않고 하나의 문으로 들어와 다른 문으로 흘러가 버린다. 또한 문이 두 개면 주인이 둘이라는 의미가 된다.

옆집에 사는 형제

"사촌이 땅을 사면 배가 아프다"는 말은 사실일까? 간혹 의좋은 형제가 있어 같은 동네, 혹은 같은 구역에 사는 경우가 있다. 하지만 지나치게 가까이 살면 형제간의 의리가 깨지는 경우가 많다. 따라서 같은 동네라도 이웃에 나란히 집을 가지고 살기보다는 거리가 좀 떨어진 곳에 살아야 한다. 비록 형제 사이가 좋더라도 다른 사람을 통해 서로 좋지 않은 이야기를 듣게 되거나

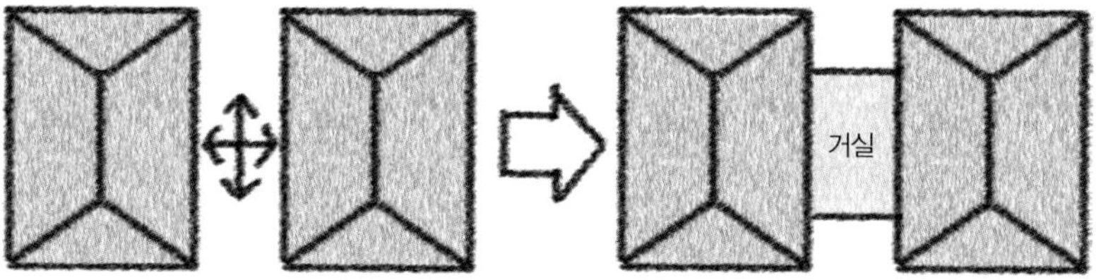

도투마리 집 두 집을 터서 하나의 집으로 만들면 집의 무게중심이 바뀌고 주가 바뀔 수 있으므로 문의 위치를 바로 잡아야 한다. 또한 담을 허물고 두 집을 회랑으로 연결하면 도투마리라고 하여 매우 불길하다. 이는 두 개의 대립된 기가 다투고 충돌하는 것으로 본다.

이간질당해 싸우게 되는 경우가 많기 때문이다.

감정적인 문제도 있다. 실제로 형제가 이웃 가까운 곳에 살면 형이나 동생은 누구라도 잘되는 쪽에 의지하게 되는데 문제는 형제가 아니라 그들의 부인들이다. 동서 간은 잘살고 못살고 하는 상황에 시샘을 일으키게 되고 자존심 상하는 일이 발생하면 기다렸다는 듯 문제를 일으켜 화목하지 못하기 때문이다. 이는 동일한 지역에 동일한 건물이 자리하는 것이나 같은 이치다.

문과 문

어떤 경우라도 문과 문이 마주 보면 좋지 않다. 이웃 간에도 서로 문이 마주 보면 대립의 기운이 생성된다. 아파트의 경우, 앞집과 현관문을 마주하는 경우가 많은데 감정 대립이 적지 않다.

대문을 열거나 현관문을 열고 들어갈 때도 문과 문의 대비성을 살펴야 한다. 이는 대립과 창피를 의미한다. 우선 대문에서 들어설 때, 안방이나 부엌문이 보이면 좋지 않다. 따라서 예부터 이러한 불상사를 피하기 위해 내외벽 혹은 이중문을 설치하는 것으로 방어하고 조심스러워 했다. 외부인이 들어서는 동시에 안방이 들여다보이면 감추거나 숨기고 싶은 것들이 전부 드러나기도 하고 어쩔 수 없이 보이기도 한다. 또한 주로 안방에 재물을 보관하므로 도난 우려가 있다.

예부터 문을 열자마자 부엌이 바로 보이면 딸이나 안주인에게 음탕한 일이 일어나는 것으로 판단했다. 때문에 양반가의 집은 어떤 경우에도 대문에서 부엌이 보이는 일은 없다.

가정 내부에서도 문과 문이 마주 보면 좋지 않다. 마주 보는 문은 서로 기의 충돌이 일어나는데 그 방을 사용하는 사람들 사이에 대립이 발생한다. 아들이 사용하는 방과 안방이 마주 보면 아들과 아버지가 감정 대립하고, 안방과 마주 보는 방에 딸이 거주하면 어머니와 딸이 감정적으로 대립한다.

예부터 화장실은 피해야 하고 남이 보지 말아야 하는 것으로 여겨졌다. 특히 대문에서 화장실 문이 정면으로 보이면 창피가 있고 구설수가 있는 것으로 본다. 대문은 기의 출입구이고 양택에서 물로 보는 도로와 연결되니 물이 정면으로 다가오는 것과 같다. 문에서 바라봤을 때 안방이 곧바로 보이면 부부의 소문이 새는 것이다. 부엌이 보이면 그 집 주부에 대한 안 좋은 소문이 돈다. 대문에서 안방이 들여다보이면 도난이 일어난다.

붕괴 우려

집을 지을 때는 기초공사를 잘 해야 한다. 터의 개념에서는 지반이 강해야 한다. 생토는 그런 경우가 적거나 없지만 새로이 흙을 가져다 매립한 경우는 벽이 갈라지는 경우가 종종 있다. 이를 땅이 가라앉는다고 말하는데 흙이 안정되지 않았기 때문이다. 따라서 땅을 메울 때는 시간을 가지고 기다린 뒤 집을 지어야 한다.

벽에 금이 가거나 물이 스며들어도 좋지 않다. 이는 기초공사가 잘못되었거나 수맥의 영향일 수 있기 때문이다. 물론 벽에 금이 가거나 땅에 금이 간다고 반드시 수맥은 아니지만 수맥을 의심할 정황은 분명하다. 만일 수맥이 있다면 잠자리가 사나워지고 꿈이 난해하며 심하면 유산, 사산, 신경 계통에 문제가 일어난다. 수맥이 아닌 지반의 약화로 일어난 것이거나 배수가 되지 않아 지하에 습기가 차서 금이 갔다면 붕괴 우려도 있다.

6장

인생이 술술 풀리는 공간별 풍수 인테리어

풍수

가정의 심장, 거실

현대 건축물의 거실은 전통적이고 한국적인 양택과는 다른 구조이다. 사실 거실이라는 개념은 서구에서 들어온 개념으로 우리 전통 건축물의 대청과도 유사하지만 많이 다른 것도 사실이다. 거실은 일상적인 주거생활에서 가족이 모여 생활하는 공통적이고 다분히 통용적인 공간을 의미한다. 한 사람이나 하나의 객체가 사용하는 공간이 아닌 다양한, 다종의, 혹은 많은 사람이나 가족 모두가 나누어 가지는 공간이며 공통으로 사용하는 공간이다. 한국의 전통 건축에서 거실은 없지만 거실의 용도에 해당하는 공간을 분리하여 생각한다면 사랑채와 서재, 그리고 대청마루 정도일 것이다.

주택이란 가족의 단란한 생활을 목적으로 한 공간이지만 개인 공간의 기능도 가진다. 더불어 가족의 독립성도 보장되어야 한다. 점차 개인주의 성향이 강해지고는 있지만 가족의 생활에서 공적인 경향이 무시될 수 없으며 가족애와 가족 간 커뮤니케이션의 요구가 강해짐에 따라 거실의 용도는 더욱 강해진다.

거실은 가족 전원의 공동적인 일상생활이 이루어지는 공간이다. '리빙룸'이라는 말처럼 다양하고도 무한한 공간으로서 가족의 다양한 욕구를 충족시킨다. 가족 구성원의 다양한 행위와 결합이 이루어지고 여러 가지 일을 하는 공간이기 때문에 특정한 목적을 갖지 않는 것이 특징이다. 그러나 최종적으로 거실은 가족이 모이고 같은 공간에서 활동하는 기회를 제공함으로써 가족을 결합시키는 역할을 하는 공간이다.

거실은 공통 공간의 의미를 지니고 있으므로 가족 모두가 쉽게 접근하고 휴식을 취할 수 있는 공간이 되어야 한다. 다른 공간과 다르게 누구나 접근이 쉬워야 한다. 따라서 가옥의 규모가 크고 때로 복잡함을 지닌 구조라 하여도 가능한 중앙에 위치하는 것이 좋으며, 불가피하다면 거실의 한 부분만이라도 중앙에 위치해야 한다.

또한 거실은 가옥의 구조에서 가장 넓은 위치에 자리하는 것이 좋다. 일정한 넓이가 확보되어야 좁거나 어두워 보이지 않는다. 집이 좁다면 밝은 톤의 벽지와 장식을 사용하여 넓게 보이도록 한다. 인테리어 색상으로는 차분한 계열이 좋다. 거실을 넓게 보이도록 하는 인테리어에는 황토색과 미색 계열의 은은한 벽지와 도색, 그리고 적절한 그림과 사진의 배치가 중요하다.

거실의 조명 가능한 밝은 분위기의 조명이 우선시 되어야 하고 따스한 기운이 느껴져야 한다. 밝아도 백색은 지나치게 강한 기운이므로 황토색이나 약간 붉은 기운이 도는 주백색이 좋다.
(사진 제공 : 한글주택)

거실이 어둡다면 가족의 건강에 무리가 온다. 거실은 가능한 양광이 많이 들어와야 하며 좋은 기를 불러들이기 위해서 밝은 조명을 사용해야 한다. 차가운 느낌을 주는 백열등이나 주광색의 등, 형광등보다는 희미하지만 약간 붉은 계열의 파장이 느껴지는 주백색의 등을 사용하여 은은한 따스함을 주는 것이 좋다. 아울러 조도를 조절할 수 있는 천장 부착의 샹들리에가 좋으며 보조등으로 백열등 계열을 이용하면 분위기에 효과적이다.

거실에 놓아두는 높은 키의 스탠드는 재물을 불러들이고 가정의 불화를 예방해준다. 또한 활발한 사회활동을 기약하고 행운을 가져다주는 효과도 있다. 하지만 그 높이가 주인의 키보다는 높지 않아야

스탠드의 배치 거실에 놓인 높은 키의 스탠드는 재물을 불러들이고 가정의 불화를 예방해준다.

한다.

규모가 큰 가옥에서는 접대실이나 응접실을 따로 배치할 수도 있지만 한국형 주택에서 거실은 일반적으로 손님을 맞이하는 접대의 공간으로 많이 사용된다. 따라서 편안한 분위기와 더불어 안정감을 주기 위해 소파와 탁자, 적당한 크기의 화분을 배치한다.

화분은 거실의 분위기를 좌우하므로 매우 신중하게 배치한다. 우선 화분에 담겨 있는 식물의 크기부터 살펴봐야 한다. 식물의 크기와 높이는 주인의 키에 비례한다. 식물의 키가 주인의 키보다 크다면 곤란하다. 양택의 내부에는 다양한 기가 흐르는데 천장에 닿는 상부에는 명예를 의미하는 천기天氣가 존재한다. 키가 큰 식물은 주인이 호흡해야 할 천기를 모두 마셔버리니 주인의 명예가 떨어진다. 식물이 비비 꼬였다면 사업이나 가정의 운이 비비 꼬인다는 의미이고, 뿌리가 드러났다면 창피를 당하거나 사업이나 가족의 비밀이 드러남을 의미한다. 벽을 타는 식물은 상황을 꼬이게 만들거나 어렵게 하므로 피해야 하고, 분재는 억압된 감정의 폭발을 의미하여 언젠가는 가족의 불화를 가져오므로 피하는 것이 좋다.

잎이 지나치게 날카로운 난이나 켄차야자와 같은 식물들은 날카로운 기를 가져와 심장에 무리를 주니 가능한 피하는 것이 좋다. 잎이 길게 늘어진 칼의 형상이라면 더욱 피한다. 모든 사물은 기를 가지고

침엽수와 관엽식물

공간 분할의 목적으로 식물을 배치할 수 있다. 이때는 관엽식물이 좋다. 침엽수나 날카로운 잎을 가진 식물은 피한다.

있는데 그 생김에 따라 살기가 나타나기 때문이다. 가능한 잎이 넓거나 둥그스름한 것, 혹은 잎이 많이 달리는 식물이 좋다.

거실에서는 식물의 배치도 고려해야 한다. 식물군이 정해졌다면 어느 곳에 놓아야 하는지 생각해야 한다. 만약 강가에 위치한 집이라 거실 창으로 물이 지나치게 많이 보이면 가정주부의 근심과 우울증을 가져온다. 이럴 경우 식물을 창가에 두어 일정 부분을 막아주거나 가려주는 것이 좋다. 주방과 거실이 일직선으로 이어져 있다면 기를 차단한다는 의미로 식물을 배치하면 좋다. 아울러 전기 장치나 기계적 장치를 가려주고 막아주는 용도로 사용해도 좋다. 단 작은 화분을 잘못 배치하여 자주 깨트리거나 넘어트리면 기가 흩어져 좋지 않다.

관엽식물은 주인의 운을 상승시킨다. 반면에 거실에 관엽식물이 하나도 없는 집은 주인의 운기가 멎기 쉽다. 관리적인 측면은 더욱 신경 써야 한다. 관엽식물이 마르거나 말라 죽으면 매우 좋지 않다. 죽은 식물이 있다면 방치하지 말고 빨리 없애거나 보이지 않게 해야 한다. 지나치게 키가 큰 관엽식물이나 지나치게 굵고 큰 나무, 혹은 비비 꼬인 식물은 미관상으로도 좋지 않고 답답한 느낌을 주는 것에 그치지 않고 사람에게 해를 입힌다.

거실은 여가생활을 하고 안정을 취할 수 있는 공간이어야 한다. 따라서 가구의 선택, 문화적 설비, 기기의 배치가 중요하다. 지나치지 않을 만큼의 책을 꽂아두는 책장과 같은 가구의 배치도 필요하다. 특히 작은 책장과 같은 가구는 구석의 죽은 공간을 활용하는 용도로 사용되어지며, 탁하지 않은 색을 선택한다.

집안 곳곳에 있는 지나치게 예리한 모서리나 예각은 살기를 일으키는 공간이다. 따라서 구석진 곳에 화분이나 가구를 배치하면 살기가 줄고 가구를 이용하여 예각을 부드럽게 만들거나 막아주면 건강운이 상승한다.

도시생활에서 거실의 용도는 더욱 극대화된다. 고층건물에서 거실은 거실 이상의 용도로 사용된다. 즉 어른은 거실에서 차를 마시거나 가족과 함께 휴식을 취함으로써 단란한 만족감을 얻을 수 있다. 집에 어린아이가 있는 경우라면 활동하기 위한 공간으로 활용이 가능해야 하므로 탁자나 화분 등을 벽에 붙인다.

도시에 살고 고층건물에 살면 자연을 동경하는 마음이 더욱 커지기도 한다. 이럴 땐 거실에 화분 등의 자연을 들이는 것도 좋다. 그러나 지나침은 피한다.

구석진 곳의 가구

구석진 곳, 예리한 각이 있는 곳, 모난 곳에는 부드러운 곡선으로 이루어진 가구를 배치하여 날카로운 기를 차단하거나 흐트러트린다.

취미를 즐기는 사람에게 거실은 때론 전시장이 되기도 한다. 그러나 그 전시의 기능이 사람을 해치기도 한다. 거실은 가능한 단순한 것이 좋으며 다양함이 지나치면 잡스러운 기운이 피어나 가족 전체의 건강을 악화시킨다.

피해야 할 것이 또 있다. 거실에는 돌로 이루어진 가구를 두지 않는다. 거실에 식물이나 수석, 석재를 들이는 것은 이득보다 손해가 많기 때문이다. 때로 돌을 잘라 맞추거나 부분적인 조합으로 이루어신 가구도 있는데 이 또한 마찬가지다. 거실뿐 아니라 양택의 어느 공간에도 돌을 놓는 것은 좋지 않다.

거실이나 정원에 돌이 많은 것은 건강에도 매우 좋지 않다. 돌은 물을 끌어들이고 차가운 성분을 지니고 있는데 그 차가운 기운을 사람의 몸에 전하기 때문이다. 따라서 어떤 경우에도 거실에는 수석을 들이지 않도록 한다. 수석 중에 특히 '만물상'이라 부르는 형태는 반드시 피해야 한다. 작지만 돌이 날카롭고 뾰족해서 마치 하늘을 찌르는 듯한 형상이다.

아파트나 정원이 없는 건물의 거실은 여자에게 특히 강한 영향을 미치는데, 거실에 돌을 두면 여자의 건강이 급격하게 나빠진다. 돌이 갖고 있는 특유의 차갑고 날카로운 특성 때문에 여자의 생식기에 병을 몰고 오기 때문이다.

돌을 놓는 위치나 방향에 따라 가족의 병이 안개처럼 피어난다. 풍수에서 돌은 내장계통의 병을 몰고 오거나 불치병을 몰고 오는 것으로 파악하고 있다.

좋은 현상은 아니지만 굳이 돌로 거실을 장식하고자 한다면 그

유리 테이블

유리로 이루어졌거나 유리를 덮은 테이블은 피하도록 한다. 노력하고자 하는 의욕을 빼앗기 때문이다.

크기가 30cm 이하여야 한다. 급격하게 온도를 내리거나 올리는 등 온도의 변화를 가져오는 사물도 피하는 것이 좋다. 돌 외에도 대체적으로 쇠가 그러한 역할을 한다. 따라서 거실에서 사용하는 가구나 기구, 혹은 장식품에서 가능한 쇠를 사용한 것도 피하는 것이 건강에 좋다. 쇠로 만든 인물상이나 종교적 성물聖物도 역시 피해야 한다.

일반적으로 거실에는 테이블을 놓는다. 때론 다과를 즐기기 위해 사용하기도 하고 책을 놓아두거나 리모컨, 혹은 메모를 놓아두는 등 테이블은 용도면에서 다양하게 쓰인다. 이처럼 거실에서 테이블은 꽤 중요한 가구로, 만약 없다면 지나치게 공허한 공간이 될 것이다. 그러나 거실의 테이블 선택에도 조심할 점이 있다. 유리로 이루어진 테

거실의 테이블 가능한 목재 테이블을 사용하는 것이 좋으며 모서리가 부드러운 것이 좋다. 지나치게 큰 것을 사용하기보다 거실의 크기에 어울리는 것을 사용한다.

이블은 좋지 않다. 다른 재질의 테이블에 유리를 덮는 것도 피해야 한다. 흔히 테이블을 깔끔하게 관리하기 위해서 상면을 유리로 덮는 경우가 많다. 그러나 유리 테이블은 노력해서 힘차게 살아가려는 의욕을 뺏는다. 유리 외에 대리석 등의 석재 테이블은 젊은 사람에게 좋지 않다. 빛을 반사시키는 가구, 얼굴이 반사되는 가구나 그러한 재질의 테이블은 이익보다 손해가 더 많다.

이처럼 테이블도 사용의 측면을 고려하고 재질과 형태에 신경 써야 한다. 거실에는 목재 테이블이 좋다. 또 일반적으로 거실용 테이블은 사각 형태인데 이보다는 모서리가 라운드로 이루어져 지나치게 예리하지 않은 것이 좋다. 또한 나뭇결이 살아있는 테이블에 천을 씌우는 것은 좋지 않다.

테이블에 어울리는 소파도 중요하다. 거실의 면적에 비해 큰 소파는 피한다. 화려한 이태리제 같은 소파도 피하는 것이 좋은데 지나친 화려함으로 주객이 전도되어 집안의 좋은 운기가 달아나기 때문이다.

사람이 머무는 집은 태양광이 들어와야 하며 햇빛을 가장 많이 받아야 하는 공간은 바로 거실이다. 따라서 가능한 거실의 방향은 남향이거나 남서향이 이상적이다.

예부터 우리나라의 전통가옥은 남향집을 가장 이상적으로 여겼다. 물론 북쪽의 바람을 차단하는 산이 있다는 배산임수의 법칙을 바탕으로 하지만 남향으로 지은 집이 많은 것은 사실이다. 대다수 전통가옥이 남향으로 지어진 것은 태양광을 많이 받기 위한 구조이다. 인테리어가 중요하다고는 하지만 그에 앞서 채광에 신경 써야 한다. 전기가 있어 부분적으로 보충이 가능하다고는 하지만 근본적으로 채광처럼 유효한 기능은 없다. 무엇보다 양광이 많이 드는 집은 밝고 건강하다.

현대 건축물은 공간의 다양성을 살리고 있지만 전통 풍수에서 가장 이상적인 공간은 단순미다. 모든 공간은 복잡성이 더할 때마다 기의 흐름이 나빠진다. 거실도 가능한 복잡하지 않아야 좋다. 조금 허전하다 싶을 정도로 넓게 트여 있어야 한다. 여기저기 잡다한 가구나 기구를 쌓고 배치하면 기가 흩어지고 건강이 나빠진다. 화려하게 장식하고 꾸미며 배치해서 채우기보다는 공간의 여백을 두는 것이 기의

그림

그림은 단순하고 일관성 있어야 하며 지나치게 많이 거는 것도 피한다. 꽃 그림은 안방에 걸지 않는 것이 좋으며 추상화 계열은 피하고 사선으로 걸거나 현란하게 장식하지 않는다. 반사적인 재질의 유리 액자보다는 유리를 씌우지 않는 액자가 더욱 좋다.

흐름을 원활하게 하고 시원한 느낌을 준다.

어느 집이나 한두 폭의 그림을 건다. 특히 거실은 양택에서 가장 넓은 공간이므로 사진이나 그림을 거는 공간으로서 적당하다. 거실에 그림을 통일감 없이 여러 개 거는 것은 좋지 않으며 포스터도 좋지 않다.

그림과 사진의 종류는 매우 다양하다. 가장 좋은 그림이나 사진은 부드러운 느낌을 주는 것이어야 한다. 가장 안 좋은 그림은 지나치게 날카로운 그림이다. 날카로운 물체나 그림은 날카로운 기를 배출해 사람에게 나쁜 영향을 미친다. 만일 산을 그린 그림에서 산의 모양이 날카롭고 뾰족하여 칼끝을 연상시킨다면 틀림없이 거주자의 건강에 악영향을 미친다. 사군자를 그린 그림에서도 난蘭과 같이 그 모양이 칼처럼 보이는 그림은 한 폭 정도로 족하다. 추상화처럼 난해하여 이해하기 어려운 그림 또한 가급적 피한다. 이런 그림은 기를 어지럽히고 주인의 운기를 막는다. 그림의 가치는 논외로 하고 사람의 머리를 복잡하게 하는 그림은 좋지 않다.

사진도 그림과 크게 다르지 않다. 사진의 경우 면이 반사되는 재질이라면 더욱 나쁘다. 특히 사진을 걸 때 기울여 걸거나 사선으로 열을 지으면 좋지 않다. 사진이나 그림을 걸 때는 기교를 주는 것보다 단정하고 수직으로 거는 것이 이상적이다.

그림이나 사진의 색상이나 지역의 특징에 따라 거는 방향이 달라질 수 있다. 검은색 계열은 북쪽, 청색 계열은 동쪽, 붉은색 계열은 남쪽, 백색 계열은 서쪽에 건다. 일본에서 찍은 사진은 동쪽, 중국과 유럽은 서쪽, 호주와 필리핀은 남쪽, 러시아에서 찍은 사진은 북쪽에 걸도록 한다.

가구 배치, 색상, 조명, 식물 등도 중요하지만 거실에서 가장 중요한 것은 구조다. 아무리 잘 꾸며도 근본이 나쁘면 한계가 있다. 거실은 가구 배치로 인해 많은 것이 달라지지만 근본은 바뀌지 않는다. 약간은 가려지지만 기의 흐름을 완벽하게 차단하거나 변화시킬 수는 없는 것이다. 가구 배치로 그 모양을 변화시키는 것은 모자란 것을 보충해주는 비보풍수의 의미에 해당한다.

근본적으로 거실은 집의 모양과도 관계가 있다. 집의 형태는 원형이 가장 좋고 네모진 것이 그 다음이다. 흔히 집의 구조에서 황금비율은 1:1.618이라고 한다. 거실은 약간 길거나 네모반듯한 것이 좋다. 약간 길 경우 가구를 배치하고 남은 공간이 정사각형이면 최상의 구조라 할 수 있다.

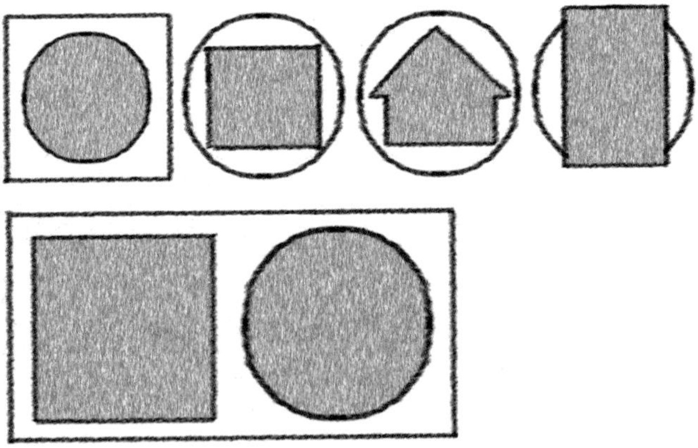

대지의 모양, 건물의 평면과 입면, 정원과의 조화 시각적으로 안정감이 들어야 하며, 기의 순환이 원활하게 이루어지는 구조여야 한다. 가능한 가로세로의 비율이 1 : 1.618에 이르는 것이 좋다. 가장 이상적인 집의 구조는 둥근 원형이다.

아주 넓은 공간이라면 원형이 최고의 거실이지만 원형이라는 구조는 한계성이 있다. 특히 원형은 기가 모이는 공간으로 인식되어 기가 강한 형태로 본다. 따라서 가구를 배치하는 일반적인 개념에서는 네모진 형태의 구조가 좋다.

거실에서 가장 중요한 것은 정적인 면과 활동성이 서로 존중되어야 한다는 것이다. 동적인 부분과 정적인 부분을 가르는 것이 대부분 가구다. 지나치게 큰 가구의 배치가 동적인 선과 정적인 선을 망가트리는 경우는 흔하다. 거실은 동선이 방해받지 않도록 가구를 선택하고 적절하게 배치해야 한다.

가장 문제가 되는 것은 메인소파다. 거실에서 메인소파가 차지하는 면적과 비중은 매우 크다. 메인소파는 창을 바라보거나 벽을 등지고 있어야 하고 빛이 들어오는 곳을 가리지 않도록 측면으로 배치해야 한다. 거실이 넓다는 이유로 여러 벌의 소파를 배치해서 소파의 등이 창이나 베란다를 가리는 것은 좋지 않다. 빛을 차단하고 양기의 흐름을 방해하여 운기를 막고 건강을 해하는 요인이 되기 때문이다.

풍수지리에서 면적의 구분은 재물의 보존이라는 측면에서 매우 큰 의미를 가진다. 가장 이상적인 면적의 배치는 1:1.618의 비율이며, 이를 황금비율이라 한다. 이러한 사상을 바탕으로 지나치게 길어지면 '빈상'이라 칭한다. 가난해진다는 의미의 이 용어는 거실을 비롯해 모든 공간에 공통적으로 적용된다.

가로와 세로의 비율이 1:2를 넘으면 빈상으로 본다. 구별되거나 구획되지 않고 연결되어 있으면 하나의 공간으로 보는데 양택의 각 공간도 이 범주에서 벗어나지 않는다. 가장 일반적인 것이 베란다를 확장하여 그 면적이 넓어지는 경우이고 다른 하나가 거실과 주방의 연결이다. 대중적인 형태를 지닌 아파트나 다가구 주택, 연립주택의 경우 거실과 주방이 길게 이어진 경우가 흔하다. 옛날에 지어진 주택의 경우 거실과 주방 사이에 미닫이문이 종종 있기도 하다. 그러나 지금은 설계 시 편리성을 강조하기 위함인지 혹은 공간을 많이 사용하기 위한 배려인지 터놓거나 경계가 없는 경우가 적지 않다. 하지만 이 경우 거실과 주방은 확실한 구획이 필요하다.

거실의 면적이나 가로세로의 비율이 알맞은 경우에도 주방과 연결되면 비율이 비정상적으로 길어질 수 있다. 주방의 공간도 거실과 연결되어 공간이 넓어지면 주방의 재산이 새어나가는 경향이 나타난다.

두 개의 공간은 분리, 혹은 구획해야 할 필요가 있다. 어느 정도 공간이 확보된다면 미닫이와 같은 문을 설치하는 게 가장 효과적이지만 그렇지 못한 경우가 있다. 공간이 부족하거나 문제가 있다면 보조적인 방법으로 거실과 주방 사이에 장식장이나 물건을 넣어두는 수납장 등의 가구를 설치하여 공간을 구획한다. 단 가구로 막을 때는 천장까지 닿도록 막아야 한다. 주방에서 음식을 조리하면 냄새가 거실로 스며들 수 있다. 근본적으로 냄새는 폐에 부담을 준다. 좋은 영향보다는 나쁜 영향이 강하므로 차단이 필요하다. 냄새는 공기보다 가벼워 천장을 타고 스며드는 경향이 있다. 벽을 막거나 문을 달면 상황이 다르지만 만약 장식장으로 막았다면 천장에 가벼운 재질을 이용한 보(대들보와 같이 지붕의 무게를 버티는 가로로 된 구조물)를 설치해 냄새 확산을 방지한다. 아울러 팬을 설치해 가능한 신속하게 음식 냄새를 외부

거실

되도록이면 정사각형에 가까워야 좋으며 지나치게 길지 않아야 좋은 가상이고 지나치게 길다면, 베란다를 트지 말아야 한다. 또는 칸막이나 문을 설치하여 구획한다.

Before

After

로 방출하는 것이 주부의 건강을 위해 좋다.

아파트는 구조상 거실과 주방의 구역 분할이 어려워 한 개의 공간으로 이루어진 경우가 있다. 거실과 주방의 경계가 불분명하거나 공간이 부족해 종종 식탁이 거실로 나온 경우가 있는데 이럴 경우 집이 답답하고 좁아 보일 수밖에 없다. 거실과 주방의 불규칙한 가구 배치와 공간의 불합리성으로 주부는 동선이 길어지고 방문자의 눈에는 집이 난잡해 보인다.

주방의 식탁 식탁은 반드시 주방이나 식당에 위치해야 한다. 거실로 튀어나오거나 배치되면 기의 혼합으로 어지럽고 난잡해지며 주부의 동선이 길어진다.(사진 제공 : 한글주택)

만일 공간이 좁거나 부자연스럽다면 식탁을 작은 것으로 사용하고 가능한 주방 쪽으로 배치해 거실에 드러난 면적을 줄인다. 아울러 커튼을 이용해 공간을 구획하는 것도 하나의 방법이 될 수 있다. 하지만 완전히 막거나 문을 설치하는 것보다는 그 효과가 떨어지고 미관상 그다지 좋지 않다.

복층 형태의 주택 중에서 2층으로 오르는 계단을 거실 중앙에 놓는 경우가 있다. 이러한 배치는 기가 분할되고 대립이 생기므로 아무리 좋은 설계라고 해도 하지 않는다. 또한 펜션이나 관광지 건물의 경우 종종 복층으로 이루어져 2층 바닥에서 1층 거실 바닥이 내려다보이도록 강화유리를 사용해 시공하는 경우가 있는데 추천할 만한 구조는 아니다. 유리는 가상을 약화시킬 뿐만 아니라 안정감도 떨어진다.

거실의 소품 배치도 세심한 배려가 필요하다. 여행지의 기념품, 선물, 혹은 취미로 모은 작은 소품들을 여기저기 늘어놓거나 여러 가구 위에 늘어놓고 즐기는 경우가 있다. 가장 이상적인 방법은 공간을 내어 소품을 수납하는 방을 설정하고 장식장이나 선반 모양의 틀에 소품을 정리하고 보관하는 것이다. 하지만 상황이 여의치 않거나 그래도 거실에 내놓고 보기를 원한다면 장식장이 필요하다.

요즘은 취미로 소품을 모으는 사람도 많기 때문에 어떻게 보관하고 즐길 것인가가 더욱 중요하다. 늘어놓고 즐길 것이 아니라 한 곳에 모아 보관해야 한다. 자잘한 장식장을 많이 설치하면 화려할 뿐만 아니라 남들에게 자랑삼아 보일 수 있다. 하지만 지나치게 산만해지고 기의 흐름을 억제하거나 방해한다. 따라서 거실에 어울리는 규모의 장식장을 준비해 수납한다.

최근 벽난로를 설치해 장식하는 거실 형태도 많아졌는데 그 주변에 지나치게 많은 장식품을 늘어놓기도 한다. 이 경우에도 기가 흩어져 운기가 상한다. 수납장이나 장식장을 이용해 정리하고 가능한 주변은 깨끗하게 유지하는 것이 좋다.

거실은 가족이 화합하고 대화를 나누며 교류하는 공간이다. 가능한 따스한 기운이 흘러야 좋으므로 등의 색도 황토색이나 노란색 계열인 주백색이 좋다. 벽지 색상도 밝은 것이 좋다. 거실이 좁은 경우에는 더욱 가벼운 색을 사용해야 하고 가구의 색도 어두운 것은 피하는 것이 좋다.

간혹 아파트 1층에 자리한 집을 살펴보면 상당히 어두운 것을 볼 수 있다. 지기는 대략 5~6층까지 미치므로 아파트 1층은 지기를 받을 수 있는 좋은 집이다. 그러나 주변에 지나치게 많은 나무를 심어 어두워진 집은 햇빛이 들지 못해 양기가 사라져버린 집이다. 양기가 사라지면 음기가 강해지니 건강에 적신호가 온다. 양택은 양기를 받아들이는 것인데 음기를 받아들이니 음택과 다를 바가 없다.

'양기가 많다'는 뜻은 해가 많이 든다는 의미로, 자연소독이 이루어져 병이 적으며 주인이 명예를 얻는다. 거실 주변의 창으로 너무 많은 나무들이 보이면 햇빛을 가려 어두울 뿐만 아니라 바람이 스며들지 않고 답답해진다. 따라서 빛이 들어오도록 나무를 솎아주거나 잘라내는 것이 최선이나 근본적으로 나무를 가까이 심지 않는 것이 가장 좋다. 참고로 거실의 남동쪽 방향에 곡식의 티끌을 걸러내는 도구인 키를 걸어두면 살림이 넉넉해진다.

재물이 모이는 공간, 침실

동서양을 막론하고 방은 사람이 거주하는 공간이다. 특히 서양은 이전부터 거실이 존재하여 방은 잠을 자는 '침실'로서의 의미가 강하다. 그러나 우리의 문화는 조금 다르다. 전통가옥에서 방은 생활의 대부분을 차지하는 공간이었다. 현대 건축이 한국의 주거양식을 변화시키면서 비로소 거실 문화가 자리 잡고 이에 따라 방의 용도에도 변화가 생겼다. 하지만 방이라는 구조의 틀에서 배치의 의미와 사용측면, 위치의 용도는 크게 변하지 않았다.

안방이나 거실 밑으로는 차고를 만들지 않는 것이 좋다. 안방 밑으로 차고를 내면 안정감이 떨어지고 지기가 오르지 못해 재운과 건강이 약해진다. 간혹 지하실에 펌프를 놓거나 기계실을 설치하는 경우가 있다. 일견 현명한 설계임이 분명하다. 그러나 침실 밑으로 주차장을 배치하거나 기계실을 배치하는 것은 좋은 선택이 아니다. 기계실에서 나는 미세한 소리나 초음파, 저주파가 신경을 거슬리게 하여 난청을 불러오고 때로 신경쇠약을 불러온다.

현대사회는 주차 문제를 고려하지 않을 수 없다. 방 밑에 지하 차고가 있는 것을 좋다고 할 수는 없지만 공간 활용과 법적인 문제를 고려하여 부득이하게 배치할 수밖에 없는 경우가 있다. 이때는 출입을 제외하고는 항상 문을 닫아주어야 지기가 흩어지지 않는다. 따라서 지하 차고의 출입구에 반드시 문을 달아주도록 한다.

현대가옥은 공간 집약적 배치를 하고 있다. 방과 방을 반드시 연결하여 배치할 필요는 없으나 동선을 고려하는 것이 좋다. 가능한 거실과의 동선을 고려해야 한다.

산을 등지고 지은 집이라면 기맥의 유무도 고려 대상이다. 기맥이 있는 대지라면 기맥 위에 배치하는 것을 고려해야 한다. 도시의 넓은 공간이나 벌판과 같은 대지에서는 기맥을 고려하기 어려우나 배산임수가 이루어진 소규모 단지나 산을 등진 양택은 기맥을 고려하지 않을 수 없다.

'기맥은 산의 능선을 타고 흐른다'는 것이 정설이다. 하지만 이 이론은 벌판이나 너른 땅에는 적용하기가 힘들다. 그래서 언덕을 살피

방 밑의 지하시설

지표면을 경계로 하여 햇빛을 받는 부분은 양이며 지표면에 세우는 건물은 양택이다. 빛이 스며들지 않는 지표면 아래는 음이며, 지표면 아래의 지하실과 주차장, 대피소, 지하철 공간, 기계실은 음택이다. 지하 공간은 사람이 살지 않는 것이 좋다.

기맥

집이나 여타 건물을 배치할 때는 기맥을 타는 것이 좋다. 기맥이 있는 곳에 건강이 있다.

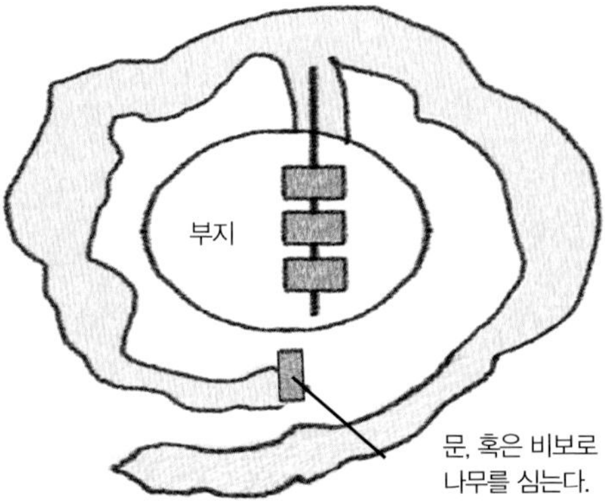

라는 의미로 '한 치만 높아도 산이고 한 치만 낮아도 물'이라는 속설을 자주 쓴다. 너른 지역에서도 약간 도드라져 볼록하게 지나가는 곳이라면 기맥으로 보라는 말이다. 집을 설계할 때 주변보다 높은 곳이 있거나 두툼한 곳이 있다면, 맥이 흐르는 것으로 보고 안방이나 침실을 배치하면 좋다. 공간 배치 이전에 그러한 택지를 찾는 노력이 무엇보다 중요할 것이다.

침실에서 수맥의 유무는 중요하다. 수맥은 사람에게 가장 필요한 물을 공급하는 중요한 자원이다. 수맥은 땅속 깊이 흐르는 물의 줄기를 말하는 것으로, 비가 오면 땅거죽으로 스며들거나 바로 스며 나오는 건수乾水와는 다르다. 수맥은 깊게 흐르는 것이니 달리 말하면 심수深水라고 부를 수 있을 것이다.

침실에서 수맥보다 더 중요한 것이 있으니 바로 수맥파다. 수맥이 있어도 수맥파가 없다면 문제될 게 없다. 문제는 수맥파로, 이것을 어떻게 방어하고 피해야 하는지 생각해야 한다. 수맥파의 위험성은 아주 다양하다. 일반적으로 신경계에 작용하여 우울증이나 신경쇠약, 유산, 사산, 심장병, 신장 이상과 같은 다양한 문제를 일으키는 것으로 파악되고 있다.

그렇다면 수맥파를 어떻게 피할 수 있을까? 일반적으로 수맥파를 알아내는 방법은 쉽지 않다. 수맥파를 파악하기가 어렵다면 전통적인 방법을 사용하는 것도 좋다. 만일 같은 자리에서 잠을 자거나 머무를 때 주기적으로 머리가 아프거나 몸이 뻐근하고 좋지 않은 꿈을 자주 꾼다면 수맥파를 의심해볼 수 있다. 이때 돌이 지나지 않은 어린아이를 데려다 재워보면 확실히 알 수 있다. 아이가 자꾸 다른 곳으로 굴러가며 그 자리에서 잠을 자지 못한다면 수맥파가 올라오는 곳이다. 따라서 그때는 자리를 피해서 잔다.

그런데도 불구하고 수맥파를 알 수 없다거나 의심이 든다면 수맥파를 방어하는 적극적인 방법을 사용해야 한다. 가장 많이 사용하는 방법은 동판을 까는 것이다. 그러나 공사가 커지면 비용이나 시간적인 문제가 생긴다. 이미 지어진 집이라 해도 시간과 자금의 소요는 어절 수 없다.

두 번째 방법은 침상이나 침구 밑에만 동판을 까는 방법이다. 침대의 매트리스 밑에 동판을 까는 방법으로 수맥파의 피해를 막을 수 있다. 당장 서둘러야 한다면 음식을 포장할 때 사용하는 알루미늄 포일을 촘촘히 까는 것도 어느 정도 도움이 된다.

침실로 주로 이용하는 안방은 생육의 공간이며 재물을 가두는 공간이다. 따라서 생육에 필요한 조건을 충족시켜야 하고 재물을 모으는 인테리어 아이템을 배치해야 한다. 생육과 재물의 운을 불러들이는 방법은 벽지와 가구의 색상, 그리고 조명의 조화이다.

침실로 사용하는 방은 안정감이 있어야 하며 벽지의 색이 도움을 준다. 가장 강한 기가 모이는 위치에 안방이 배치되거나 서재가 배치되면 권위가 있겠지만 구조상 반드시 일치시키기는 어렵다. 그러나 가능한 배치시키는 것이 좋은 결과를 가져온다. 방의 위치에 따라 가정의 화목이 달라질 수도 있다.

서양의 경우 아이를 기르기 위한 방이 따로 있는 경우도 있지만 우리나라는 주로 안방에서 아이를 기른다. 따라서 생육에 필요한 조건에 충실해야 한다. 그와 같은 맥락에서 안방 겸 침실은 땅의 특성을 지니는 황토색 계열이 가장 이상적이다. 미색, 베이지색, 노란색 계열도 모두 이에 속한다.

안방은 재물의 공간으로, 금고라는 의미를 가진다. 풍수지리에서 방향을 나눌 때는 크게 24방으로 나누고 양택풍수에서는 크게 방으로 나누니 곤방坤方, 즉 남서방이 재물의 방향이다. 아울러 노모老母를

침실의 벽지와 조명 침실의 벽지는 따스하고 안정적이어야 한다. 일반적으로 베이지, 미색, 황토색, 연한 핑크색 계열이 좋다. 조명은 주백색 계열이 좋으며 거실과 비교해 어두워야 하고 밝은 빛이 필요할 때만 스탠드를 사용한다.**(사진 제공 : 한글주택)**

나타내니 생육의 공간이라는 의미를 더하고 있다.

밝은 곳은 재물이 모이지 않고 흩어진다. 약간 어두운 것이 재물을 모으는 힘이다. 따라서 안방은 조금 어두운 것이 좋다. 안방의 조명으로는 노란색과 붉은 기운이 약하게 도는 주백색의 전등을 사용하는 것이 좋다. 그러나 밝은 빛이 필요할 수 있으므로 백색 등의 스탠드를 협탁에 준비해두면 좋다.

안방에 거는 그림과 사진의 선택도 신중할 필요가 있다. 그림과 사진은 거실의 경우와 크게 다르지 않으나 몇 가지는 달라져야 한다. 거실에는 가족사진을 걸지만 안방 겸 침실에는 가족사진을 걸지 않는 것이 부부 융화에 도움이 된다. 자녀 사진도 걸지 않는 것이 좋다. 부부침실에는 부부의 사진만 거는 것이 좋다.

거실에는 꽃과 관련된 그림이나 사진을 걸어도 제약이 없다. 그러나 안방 겸 침실의 경우에는 꽃 그림이나 꽃을 찍은 사진을 걸지 않는다. 꽃 그림이나 사진은 남편을 밖에서 방황하게 만든다. 큰 나무 그림도 좋지 않다. 밝은 톤의 그림을 거는 것은 좋다.

식물이나 화분도 중요한 아이템이다. 부부의 관계 개선을 위해 부부침실에 꽃을 배치하고 화분을 놓는 것은 관계를 도리어 악화시킨다. 이러한 아이템은 남편이 이성을 찾게 하니 부부의 정이 깨진다. 또한 침실에는 그 어떤 경우라도 드라이플라워를 놓지 않는다.

출입구에서 보아 침실의 대각선 안쪽은 가장 생기가 왕성히 샘솟는 지점이다. 안쪽에는 남편이, 바깥쪽에는 아내가 자는 것이 좋다. 침대 머리는 창문을 향하고 가능한 동남쪽을 바라보는 배치가 좋다. 침대를 배치할 때 욕실이나 부엌이 있는 곳으로 머리가 향하지 않도록 신경 써야 한다. 물은 인체의 에너지를 뺏어갈 수 있는 사물이며 장소이기 때문이다. 물론 창이 있는 곳을 향해 침대 머리를 배치하면 문제가 없다.

침실은 휴식을 취하고 잠을 자는 공간이므로 심리적으로 마음을 안정시키고 숙면을 취할 수 있도록 조성해야 한다. 벽지, 커튼, 침구와 모든 가구는 따뜻하고 부드러운 컬러를 선택한다. 혹 젊은 부부의 침실에 푸른색의 침구를 사용하여 생산력을 높인다는 주장이 있지만 기본적으로 부부의 침실은 황토색에 준한다. 아울러 침구의 경우에도 꽃이 그려지거나 꽃이 수놓아진 침구는 피하는 것이 좋다. 신혼부부의

창문

창문은 문과 더불어 기의 출입구다. 견고하고 방음이 잘 되어야 한다. 외측이 돌출되어야 진취적이고 기를 받아들이기에 유리하다.(사진 제공 : 한글주택)

경우 순결을 의미하는 순백색의 침구를 많이 사용하는데 흰색은 날카로운 예기를 지닌 색이라 그다지 추천할 만한 색상이 아니다. 또 달아나는 애정운을 막기 위해서는 침실의 커튼을 닫아주는 것이 좋다.

침실에서 중요한 것은 청결이다. 침대, 커튼, 침구 등이 마구잡이로 어지럽혀져 있거나 지저분하고 구석에 먼지가 쌓여 있으면 건강이 나빠지고 재물도 모이지 않는다.

침실을 포함한 모든 방은 외부인으로부터 독립, 보호되어야 한다. 두꺼운 벽은 방음 효과도 기대할 수 있으며 안정감을 제공한다. 주택을 건설할 때 적당한 양의 유리는 사용이 간편하고 빛을 수용하

방의 비율과 문의 위치 주택 내부의 구획에 따른 모든 공간은 지나치게 길면 안 된다. 방의 크기는 가로세로의 비율이 1 : 2를 넘으면 빈상이다. 아울러 문과 문이 마주 보는 것은 피한다.

는 데 이롭다. 하지만 지나치게 많은 유리를 사용하면 가상이 약해지고 연료비가 많이 들며 재물이 흩어진다.

방문과 창은 견고해야 한다. 바람이 불 때마다 덜컹거리며 소리가 나거나 삐걱거리면 주인이 밖에서 창피를 당하고 일이 잘 마무리되지 않는다. 창은 돌출되어야 진취적 기상이 나타나지만 지나치게 튀어나오면 자기주장만 일삼는 독불장군이 되어 타인을 이해하는 힘이 약해진다.

안방을 포함한 모든 방은 일정한 규모를 지녀야 안정적인 기운이 피어난다. 가로와 세로의 비율은 1:1.618이 가장 이상적이다. 약간 긴

듯한 이 구조에 가구를 채우면 정사각형 구조에 가까운 방이 된다. 즉 방은 지나치게 길지 않아야 하고 가능한 네모지거나 가로세로의 변이 3:2를 이루어야 한다. 또한 가구를 들여놓고 남은 공간을 살펴 가로세로의 비가 2:1을 넘으면 좋지 않다. 따라서 가구는 방의 짧은 면에 배치해야 하고 같은 집 내부라 해도 방문은 서로 마주 보지 말아야 한다.

안방은 가옥 전체에서 비교적 큰 방으로 하고 세로변의 짧은 선을 따라 가구를 배치해야 한다. 또한 안방은 거실과 더불어 가장 큰 공간이므로 비워두는 것은 공허하고 실익이 없으므로 좋지 않다. 그렇다고 화분을 많이 들여놓는 것도 좋지 않다. 식물의 선택은 거실과 같다. 간혹 공간의 확대를 위해 베란다를 터서 방을 넓히는데, 이때도 역시 1:1.618의 비율이 황금비율이다. 1:2와 같이 지나치게 길어지면 재물이 흩어지는 것으로 보아 좋지 않다.

· **잠잘 때 머리는 어느 방향으로 두고 자나요?** 풍수지리는 우리 생활 저변에 널리 퍼져 있으며, 우리는 대부분 풍수지리를 상식처럼 받아들이고 있다. 풍수지리의 의미와 이론은 생활 형식을 결정짓기도 한다. 문제는 전혀 근거 없는 사실들, 혹은 외국의 풍수지리가 무분별하게 유입되어 진실인양 사용되고 있다는 것이다. 때문에 옳은 이론과 잘못된 이론을 구별하는 사람이 매우 드물다.

생활을 윤택하게 하고 자연과 친화하는 양택풍수의 근본 사상은 음택풍수와 크게 다르지 않다. 양택풍수의 기본은 인간이 행복하고 풍요롭게 사는 것이다. 인간을 배려하지 않는 이론은 고집일 뿐이며, 인간 삶의 근본인 환경을 무시하는 이론은 그저 뿌리 없는 이론에 불과할 뿐이다.

일상적인 풍수이론 중에 잠자리 이론이 있다. 즉, 잠을 잘 때는 귀문방에 해당하는 간艮과 곤坤의 방향으로는 머리를 두지 않는다는 이론이다. 그러나 이 이론은 풍수적으로 혼동이 있다. 이는 일본 풍수의 마구잡이식 적용으로 보인다.

그렇다면 올바른 잠자리 이론은 무엇인가? 방향은 중요하지 않다. 집을 짓고 난 뒤, 방은 동서남북 어느 방향이든 배치될 수 있다. 중요한 것은 침대를 놓거나 이부자리를 펴는 방향이다. 즉, 머리는 시원한 방향에 두고 발은 따뜻한 쪽으로 향하면 된다. 다시 말해 침대의 머리 쪽이나 이부자리의 머리 쪽은 창가에 두고 발치는 방 안쪽으로 향하는 것이 이상적이다.

우리 민족의 오랜 풍수이론에서 남향은 매우 중요한 의미를 가진다. 단순히 해가 많이 비추는 방향이 남향이라 선호한 것으로 오해하는 사람도 많다. 자좌오향(子坐吾向 : 정남향으로 앉는다는 뜻)이라는 말이 마치 풍수지리의 모든 것이라고 생각하는 어리석은 풍수사가 있을 정도니 말이다.

자좌오향을 음택에 적용하면 시신의 머리가 북쪽을 향한다. 이는 우리나라의 지형상 북반구에 속해 오래도록 해를 비추게 하는 방향이 된다. 이러한 지형에 묘를 쓰면 잔디가 잘 자라고 눈이 빨리 녹는다. 상황이 이리되다 보니 '북쪽은 죽은 자의 머리를 누이는 방향이다', '북쪽으로 머리를 두고 눕는 것은 죽은 자와 같다'는 어이없는 견해가 이론으로 정립되었다. 그래서 해가 뜨는 동쪽으로 머리를 두고 자는 사람이 많아지고, '동쪽으로 머리를 두고 수면을 취하면 건강하다'는 이론도 생겨났다. 이 주장대로라면 모든 사람이 집을 지을 때, 주변의 조건이나 대지의 형태를 따지지 않고 동쪽에 많은 방을 배치해야 할 것이다. 그도 아니라면 천편일률적으로 머리를 동쪽으로 두고 누워야 한다.

이제는 근거도 없고 과학적으로 이해되지 않는 이론들은 버려야 한다. 음택과 양택은 모두 기의 흐름을 중요하게 여겨야 한다. 기는 높은 곳에서 낮은 방향으로 흘러간다. 음택에서 기를 따라 유골을 배치하듯, 양택도 공기의 흐름을 따라 편한 잠자리가 만들어진다.

상쾌하고 시원한 창가나 문가에 머리를 두고, 발은 따스한 공기가 흐르는 방 안쪽으로 향하도록 하고 누우면 가장 이상적이다. 예부터 족열두한足熱頭寒이라는 말은 긴강의 지침이 되어 왔다. 동서남북이 중요한 것이 아니라 기의 흐름이 중요하다.

· **부부침실은 돈을 불러들인다** 부부침실은 예부터 생산의 공간이자 저축의 공간이다. 따라서 돈을 관장하고 재물을 불러들인다. 그렇다면 부부침실은 어느 방향에 위치하는 것이 가장 좋을까? 집의 중앙에서 살펴봤을 때 곤방坤方, 즉 남서방이다. 간혹 이 방향을 귀문방이라 하여 사용하지 않는 경우도 있는데 이는 일본 풍수의 잔재일 뿐 우리의 풍수라고 보기는 어렵다. 이 방향은 오행상 모친母親의 공간이고 토土의 영역으로 생산의 공간이다.

재물은 어두운 곳으로 흐르는 속성이 있으므로 부부침실의 조명은 거실이나 주방에 비해 약간 어두운 색을 사용해야 한다. 노란색이 약간 섞인 주백색이나 오렌지색이 나는 전구색이 좋다. 특히 주백색

부부침실　부부침실의 벽지나 침구는 황토색 계열을 사용한다. 땅을 의미하는 황토색 계열은 미색, 베이지색을 포함하는데 생산과 저축, 재물의 머무름을 의미한다.

을 권하는데, 이 색은 온화하고, 눈부심이 적고, 주광색보다 심리적으로 안정감을 준다. 조명이 지나치게 밝으면 재물이 나간다.

침구의 경우, 신혼부부라면 잉태의 봄기운을 불러오는 초록색이나 노란색이 좋다. 자녀가 있고 노숙한 부부라면 재물이 들어오는 황토색이나 노란색, 미색 계열의 침구를 사용하는 것이 가장 좋다. 부부의 침구와 벽에는 어떤 경우에도 꽃 그림을 사용하지 않고 자녀의 사진도 걸지 않는다.

생기가 태동하는 공간, 아이 방

방을 선택할 때는 먼저 크기를 확인하여 부부의 침실을 정하고 아이의 방을 정하는 것이 순서다. 특히 아이가 사용하는 방은 부모의 방보다는 작아야 제격이다. 아이 방은 조용하고 한적하며 생기가 태동하는 방향에 두는 것이 이상적이다.

풍수학적으로 기운이 태동하는 곳은 동사택이라 불리는 방향으로 북쪽, 남쪽, 동쪽, 동남쪽이 해당되지만 아이 방도 이에 준한다. 특히 북동쪽 방향과 서쪽은 동사택의 범위에 들지는 않지만 아이 방으로는 적당한 생기를 제공한다. 북동쪽은 간방艮方이라 하여 남자아이의 방으로 적당하고 서쪽은 태방兌方이라 하여 여자아이에게 어울리는 방이다.

특히 생기가 일어나는 방향은 동사택의 범위에 들어가는 북쪽과 남쪽이다. 북쪽은 남자아이에게 어울리고 남쪽은 여자아이에게 어울린다.

아이들이 성인이 되면 동쪽은 남자에게 어울리고 남동쪽은 여자에게 어울린다. 아이에게 모든 방향의 방을 제공할 수는 없겠지만 되도록 맞는 곳에 아이 방을 배치하면 좋은 결과를 가져올 것이다.

풍수지리는 방향에 관한 학문이다. 방향을 오행으로 풀어 적용한다. 각각의 방위가 표현하는 위치와 역할을 오행과 팔괘에 의해 풀어보면 북동방과 북서방은 각기 소녀少女와 소남少男을 의미한다. 계절적으로는 봄에 해당하니 생동의 기운이 솟아오르는 방향에 해당한다.

아이 방이라고는 하지만 조금 큰 아이의 방은 성장의 기운이 미치는 방향에 배치하는 것이 좋다. 북쪽과 남쪽은 각기 일정한 나이를 지닌 아이에게 어울리는 방향이다. 대략 15~20세 정도의 나이에 해당하지만 그보다 어리거나 약간 나이가 많아도 어울리는 공간이다. 계절적으로나 방향의 특성에 따르면 북방과 남방은 각기 겨울과 여름을 의미하는 방향이다. 또한 오행에 따르면 중남과 중녀를 가리키는 방향이라 젊은이의 생기가 넘치고 성장의 의미를 가진다.

학계의 일부에서는 북쪽을 귀방鬼方이라고 주장하여 배치를 꺼리고 있지만 이는 일본 풍수의 영향이 크다는 학설이 있다. 또는 동북방을 귀문방이라 일컬어 나쁜 방향으로 보고 방을 배정하지 않는 경향도 있는데 이 역시 일본의 지형적인 탓이라 보인다.

일본의 북쪽은 추운 바람이 부는 방향이고 높은 지역이라 막혀 있다. 달리 북방을 귀방이라 부르는 이유는 사람이 죽으면 머리가 향하는 방향이라는 의식 때문이라는 주장도 있는데 이는 허황된 면이 있다. 죽은 사람의 묘를 조성하는 데 반드시 북쪽으로 머리를 두어야 한다는 규정이라도 있단 말인가?

귀문방은 동북방만 가리키는 것이 아닌 남서쪽을 포함한다. 귀문방에 대한 기록은 조선 후기에 나타나는데 전통적인 우리 풍수와는 약간의 이견이 있다. 오행이나 환절기와 같은 이론에 따라 적용된다고는 하지만 이는 일본의 풍수라고 생각되는 바가 많다. 일본은 겨울에 동북 방향의 알류샨열도(Aleutian列島)로부터 차가운 바람이 불고 여름에는 태평양의 태풍이 오키나와 방향을 거쳐 남서쪽으로 밀려든다. 이 풍수 또한 그 두려움이 만들어낸 것으로 생각된다. 일부 학설에는 절기력을 따진 환절기의 기운을 의미한다는 주장도 있다. 그러나 이는 우리의 풍수와 다른 점이니 무시하는 것이 좋겠다.

그렇다면 한국의 풍수적 관점은 어떤가? 역시 지세부터 살펴야 한다. 한국은 북방이 높은 지역이라 계절적으로 겨울이 되면 찬바람이 불어온다. 이것을 감안하면 역시 같은 의미를 지니기도 하는데 사실 더욱 무서운 것은 북서풍으로 보고 있다. 북서방에서 불어오는 바람은 예부터 사람을 죽이는 살풍이라 부르며 피해야 한다고 여겼다. 다른 말로 건해풍이라고도 부르는데 황사가 불어오는 방향이다. 그러나 서북방의 지세를 가장 강한 기의 시작인 하늘의 기운이 들어오는 곳으로 여기기도 한다. 일부에서는 북동방으로 문을 내야 아이들의 머리가 똑똑해진다고 주장한다. 즉 어느 방향도 귀문방은 아니라는 이야기다. 그래도 의심이 든다면 피하는 것도 마음을 편안하게 하는 방법이기는 하다.

동쪽과 남동쪽은 각기 팔괘와 오행상으로 장녀와 장남에게 해당하는 방위이다. 아울러 25세 이후의 자녀에게 해당되는 방향이다. 안정감과 책임감이 있는 방향이므로 장성한 자녀에게는 적절한 위치와 방위가 될 것이다. 최근 결혼이 늦어지거나 결혼 자체를 기피하는 세대들이 많아 사회적인 문제로까지 대두되고 있을 정도다. 결혼 적령기에 다다른 자녀의 방을 동쪽과 동남쪽 방위에 배치시켰더니 서둘러 짝을 찾아가는 기이한 현상이 일어났다는 실험 결과도 있다.

아이 방의 벽지는 생명력 있는 녹색 계열이 좋지만 너무 진하면 좋지 않다. 또한 무거운 커튼을 사용하지 않는다. 연한 꽃무늬 커튼이 좋으며, 지나치게 강한 무늬는 시선을 흐트러트린다. 또한 커튼 색이 흐려지면 운기도 약해지므로 색이 바래면 교체해준다.

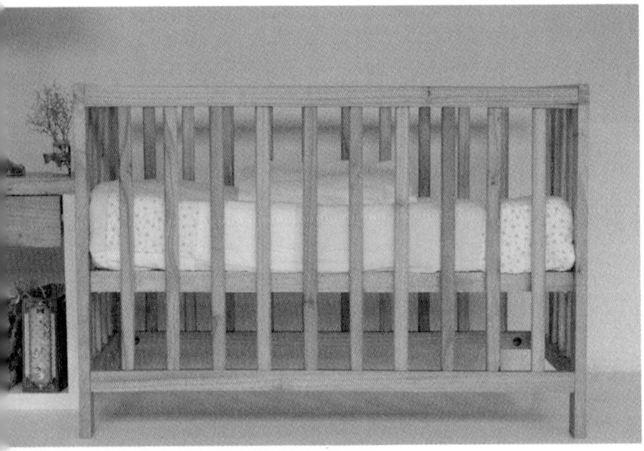

핑크색

핑크색은 아이들의 생동감을 북돋워 준다. 핑크색은 벽지, 의자, 시트, 그림, 침구 등 다양한 소품에 적용 가능하다.

아이 방에는 남녀 구분 없이 핑크빛 소품을 놓아준다. 핑크색은 아이들이 좋아하는 색이며 정서를 따뜻하게 해준다. 핑크빛 소품은 좋은 기를 흐르게 만들어 아이의 기분을 좋아지게 만들고 건강에도 도움이 된다. 그러나 잡다하게 많이 놓아두거나 불규칙하게 배치하는 것은 기의 흐름을 방해하므로 장식장을 이용하거나 몇 개만 배치한다.

건강이 좋지 않은 아이의 방은 생명력의 운기를 돕는 밝고 화려한 핑크색이나 주홍색, 베이지색을 사용한다. 벽에는 생명력의 기운이 있는 녹색의 풍경화를 걸어두는 것이 좋다. 침대 옆에 흰색 꽃이나 핑크색 소품을 장식하는 것도 기의 흐름을 좋게 하는 방법이다.

흰색은 금의 기운이며 예리함이다. 따라서 아이 방은 흰색이 나는 등보다 밝고 생명력이 있는 붉은색이나 노란색 계열의 등을 사용하는 것이 좋다. 특히 붉은 기운이 감도는 주백색의 등을 사용하면 운기를 좋게 할 수 있다. 만일 공부하거나 책을 읽는 공간으로 사용을 겸한다면 스탠드를 추가로 배치하고 백색의 등을 사용한다. 백색 등은 아이의 집중력을 높이는 데 도움을 준다.

주의가 산만한 아이에게 백색의 스탠드는 주의력을 집중시키는 효과가 있다. 백색 가구도 마찬가지로 도움이 된다. 따라서 집중을 못하고 산만하여 학습능력이 떨어지는 아이의 방에는 백색 가구를 놓아준다. 그러나 백색 가구를 지나치게 많이 배치하면 건강이 나빠질 수 있으므로 주의한다.

책상 옆에는 작은 시계를 배치하고 거울은 치워둔다. 아이가 너무 활동성이 떨어지면 활동적인 느낌의 액자를 걸고 작은 화분을 하나 정도 놓아둔다. 화분의 식물은 넓은 잎을 가진 것이 좋다. 식물은

등의 색

등의 색은 에너지를 가지고 있다. 일반적으로 주택이나 가정에서는 온화함을 주는 주백색 등이 좋다. 그러나 공부하는 공간, 업무 시설, 집중력을 요하는 공간은 백색이나 주광색, 백열등 색이 좋다.
(사진 제공 : 한글주택)

책상 위의 스탠드

스탠드를 활용하면 집중력에 도움이 되므로 학습효과를 극대화시킬 수 있다. 최근에는 삼파장이나 LED와 같은 다양한 스탠드가 있지만 학습을 위한 스탠드라면 백열등 색이나 주광색 계열이 좋다.

거실이나 안방 침실에 사용하는 것과 같은 방식으로 배치하고 선택한다. 패브릭은 하늘색이나 녹색이 좋다.

아이 방이라 해도 가능한 넓은 공간을 사용하는 것이 좋다. 지나치게 좁거나 길고, 울퉁불퉁하면 좋지 않다. 가능한 원형이나 네모진 공간이 좋다. 창이 없거나 창밖의 풍경이 담으로 막힌 느낌을 주면 정서적으로 좋지 않다. 따라서 창이 있어야 하고 정원이나 나무가 보이는 것이 좋다.

만약 방이 좁거나 답답하면 베란다나 구획공간을 넓혀 공간을 확보하는 것도 좋다. 그러나 가로세로의 비가 1:1.618을 넘어 1:2가 되면 아이의 성적이 떨어지고, 학습능력도 저하된다.

책상은 가능한 창가 쪽으로 배치하는 것이 좋은데 창과 출입구가 좌우로 보이거나 한눈에 들어오는 배치가 가장 좋다.

아이들의 침대 머리는 둥근형이나 직사각형이 이상적이다. 철제로 만들어졌거나 곡선으로 구불구불 만들어지고 불규칙한 것은 선택하지 않는다. 등나무를 댄 침대 머리는 아이의 머리를 복잡하게 만든다. 돌침대나 전기배선이 들어간 침대는 아이의 건강에 매우 좋지 않다. 작은 인형이나 장난감을 침대 머리맡에 가득 놓아두거나 진열하

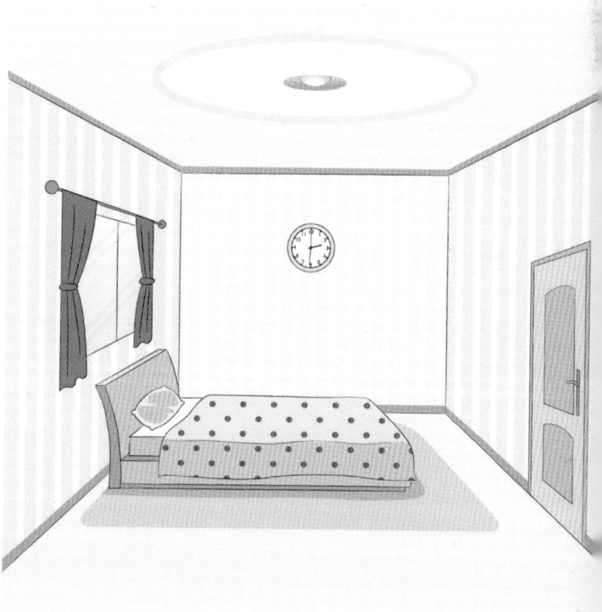

침대의 배치

침대 머리는 창가로 둔다. 창이 있는 머리 쪽과 다른 한쪽 벽이 닿아야 하고 각각 10cm 정도를 띄워 배치한다.

는 것은 운을 멀리하는 원인이 되므로 피한다.

침대 머리는 창가를 향한다. 예부터 우리 풍수지리는 '족열두한'이라 하여 잠을 잘 때 머리를 창가로 향하라고 알려주고 있다. 이는 어른과 아이 모두에게 해당된다. 방향도 관계없어 귀문방이라 주장하는 동북쪽이나 남서쪽도 예외 없다. 우리 전통 풍수에서 잠잘 때 머리와 다리 방향은 하나로 통일하고 있다.

일부 주상에 따르면 아이들의 침대 머리가 창가로 향하면 냉기 때문에 건강을 해친다는 주장도 있으나 이는 확실치 않은 이론이다. 의사들의 주장에 따르면 머리가 시원하다는 이유로 감기에 걸리는 것은 아니다. 오히려 맑은 공기의 유입으로 머리가 상쾌해지고 깊은 잠을 잔다는 주장과 연구 결과도 있다. 발이 차가운 것이 오히려 감기에 걸릴 가능성이 높다.

냉기가 걱정된다면 창에 커튼을 다는 것이 하나의 방법이 될 수 있다. 주택에서 창이라는 구조물은 2중으로 구성되어 있는 경우가 많고 겨울철이라면 몰라도 평상시에 단지 창가라는 이유로 온도가 급격하게 내려가는 것은 아니다. 내부 온도만 따뜻하게 유지된다면 창 아래쪽 온도가 몸을 해칠 정도로 급격하게 내려가지는 않는다는 것이다.

배치가 중요한 공부방

최근 일부 가정에서 서재나 공부방을 독립된 공간으로 구획하는 경우가 늘고 있기는 하지만, 대부분의 한국 양택 구조에서 아이 방은 침실과 공부방을 겸하고 있다. 아이가 초

등학생이라면 공부방이라 하더라도 부모의 눈길이 닿을 필요가 있다.

공부방은 가능한 자극적이거나 흥분을 몰고 오는 색채는 피한다. 안정적이고 눈의 피로를 덜 수 있는 색을 사용한다. 공부방의 분위기를 파악하려면 사진을 찍어본다. 사진에서 벽이 연한 핑크빛을 띠면 따뜻한 기운이 있고, 파란빛이 돌면 차가운 기운이 강하다. 좋은 공부방은 핑크빛이 도는 방이다. 따라서 컬러 계획을 세울 때 따뜻한 색을 선택한다.

눈의 피로를 풀기 위해서 녹색 계열의 벽지나 페인트를 사용하는 것도 좋지만 지나치게 강하면 차가운 기운이 나타나기도 한다. 따라서 진하지 않은 색을 사용하거나 녹색 계열의 사진이나 그림으로 보충한다.

공부방이 아이의 침실을 겸하고 있다는 측면에서 보면 동사택에 해당하는 방향이 좋다. 동사택은 해가 뜨는 방향을 기본으로 하는데 동쪽이나 남쪽, 혹은 북쪽이 해당된다. 팔괘의 이론을 따르는 양택풍수의 이론을 적용하면 방위상 북쪽과 동쪽, 동남쪽, 남쪽이 동사택 범위에 들고 학습에 도움이 될 것이다. 아들의 방은 북쪽, 북동쪽, 동쪽의 위치가 길하다. 딸의 방은 각기 동남, 남, 북서쪽이 길하다. 단시간에 성적을 올리기 위해서는 북서쪽이 가장 좋다. 그러나 북서쪽 방향에 공부방을 두고 아이를 오래도록 머물게 하면 아이가 건방져지거나 어른을 무시하며 부모를 부리려 한다.

공부방은 현관에서 보았을 때 왼쪽에 있는 것이 좋다. 왼쪽은 명예를 의미하고 오른쪽은 재산을 의미한다. 학습과 공부는 명예를 위한 것이므로 왼쪽에 배치되는 것이 당연하다.

지나치게 피곤해하거나 밤늦게 자는 아이들이 있다. 여러 가지 이유로 늦게 자는 아이는 공부방을 동쪽으로 옮기면 버릇을 고칠 수 있다. 만약 동쪽으로 배치할 수 없는 상황이라면 동쪽 방향을 바라보는 배치만으로도 도움이 된다. 동쪽에 창문이 있는 공부방도 효과적이다.

일반적으로 공부방의 책상은 벽을 바라보게 배치하지만 그보다는 벽을 등지는 배치가 좋다. 공간 활용이 조금 떨어지고 처음에는 어색할 수 있으나 안정감을 주어 학습능률이 오르는 이상적인 배치다. 시선은 창과 문을 모두 볼 수 있는 위치가 이상적이며, 책상은 방문을 등지지 않도록 해야 한다. 풍수지리에서는 문과 물은 등지지 말라는 우스갯소리가 있다. 방문을 등지는 배치는 아이의 사고를 좁게 만들고 아이를 불안하게 만든다. 또한 아이의 집중력을 하락시키고 신경질적인 아이로 만들 가능성이 있다. 따라서 방문을 바라보는 방향으로 책상을 두도록 한다. 지나치게 의식하여 정면을 바라볼 필요는 없지만 출입문과 창이 보이고, 의자와 벽면이 적당한 거리를 유지하는 것이 학습에 도움이 된다.

잡념이 많고 주의가 산만한 아이라면 액세서리를 사용한다. 공부방의 북동쪽에 키나 녹색의 그림을 걸어두면 잡념이 없어지고, 정서가 안정된다.

공부방이 지나치게 밝으면 주위가 어수선하므로 커튼을 이용해 약간 어둡게 한다. 스탠드를 이용해 공부하는 부분만 밝게 해주는 것도 좋은 방법이다. 공부방에는 반드시 창이 있어 공기의 순환이 이루어져야 한다. 창밖으로 녹색 식물이 있는 정원이나 낮은 산이 보이면 정서적으로 좋고 피로를 풀 수 있다. 그러나 지나치게 큰 나무가 보이면 좋지 않다.

공부방의 책상 위에는 컴퓨터와 같은 전자기기가 많지 않은 것이

도움이 되는 식물 디펜바키아는 대략 30여 종이 있다. 공기 정화와 습도조절 능력이 뛰어나고 그 종류에 따라서 피로 회복에도 많은 도움이 된다.

좋다. 만약 컴퓨터를 사용하거나 책상에 배치되어 있다면 전자파의 피해를 줄여주는 것도 중요하다. 따라서 컴퓨터 앞에 전자파를 차단하는 디펜바키아와 같은 식물을 배치한다. 그밖에 공기 정화와 습도조절에 좋은 천사의 눈물, 공기 정화에 좋은 유포르비아 히페리키폴리아, 칼라데아 로제오픽타, 스트레스 해소에 도움이 되는 라벤더, 습도조절에 좋은 아스파라거스 등을 배치하는 것도 좋다.

명예의 공간, 서재

서재란 가정에서 다양한 책을 모아두고 읽거나 공부하는 공간의 총칭이다. 동양의 문방文房, 서각書閣, 서실書室 등이 이에 해당한다고 볼 수 있다. 단순하게 정의하면 책을 읽는 공간이며 공부하는 방이기도 하다. 예부터 가정의 글방이었고, 학자나 문필가들이 사용하는 공간이었다.

서재는 때로 접대실 용도로 사용되기도 한다. 방문객을 맞이하는 용도를 겸한다면 현관과 인접한 공간이 좋은데, 외부인에게 집의 내부를 보이는 것은 그다지 좋지 않기 때문이다.

다락방은 명예를 의미하는 지붕 밑의 공간을 차지하므로 피해야 하고, 반지하는 양택이 아닌 죽은 자를 위한 음택의 공간이므로 피하는 것이 좋다. 때로 독립채로 지어 사용하는 것이 좋은데 이때는 원형의 구성이 가장 이상적이다. 제약 없이 배치할 수 있는 양택이라면 북서방으로 배치하여 강한 기를 받아들이도록 한다.

서재를 학습공간이나 중요한 업무를 결정하는 공간으로 사용한다면 서북방에 배치하는 것이 좋다. 풍수지리에서 서북방은 가장 강한 기운이 들어오는 귀문貴門으로 거주자의 판단을 도와 올바른 결정을 할 수 있도록 해주며 강한 기운으로 인해 학습자의 학습효과를 높인다. 서북방은 오행상 금金의 기운에 해당되며 팔괘로 따지면 건방에 속한다. 집안에서 가장 권위 있는 곳이자 어른이 사용해야 하는 곳이고 명예를 주는 곳이라는 의미이다.

서재가 올바른 방향에 위치하고 있다면 조건을 만족시킬 수 있도록 내부 인테리어를 결정한다. 우선 서재는 조용해야 하고 내부 구성이 너무 복잡하면 좋지 않다. 철제나 유리, 혹은 플라스틱 재질의 가구를 가능한 피하고 되도록 나무 재질의 가구를 배치한다. 학습의 공간이므로 조명의 방향과 밝기에 특별히 신경 써야 한다. 스탠드를 사용해 학습효과를 극대화한다.

깨끗해야 건강하다, 주방

현대적 의미에서 음식을 만드는 부엌과 음식을 먹는 식당의 기능이 합쳐진 곳이 주방이다. 현대적인 주방은 과거의 부뚜막이나 솥을 거는 구조와 달리 가스대, 조리대, 개수대와 냉장고 등으로 구성되며 모든 행위가 하나의 장소에서 이루어지기 때문에 환경에 더욱 신경 써야 한다.

예부터 주방은 여자의 공간이며 재財로 본다. 또 칼을 사용하는 곳이라 음의 기운이 강하다. 주방에서 음의 기운을 누르고 양을 불러들이는 방법은 햇빛이 들어오는 곳에 주방을 배치·설계하거나 밝은 빛을 인공적으로 적용하는 것이다. 주방의 조명이 어두우면 건강운이 나빠진다. 가능한 밝은 주백색의 등을 배치하는 것이 좋다.

주방은 음식과 관련 있고 화장실은 더러운 것을 배출하는 곳이므로 주방의 출입구가 화장실 출입구와 가까이 붙어 있는 것은 매우 좋지 않다. 아파트의 경우, 화장실 출입구가 주방과 마주 보거나 인접한 경우가 많으므로 이러한 경우에는 더욱 청결에 주의해야 건강을 유지할 수 있다. 때에 따라서 화장실이 보이지 않도록 발을 설치하거나 가구를 배치해 막도록 한다.

주방이 청결하지 못하면 재물이 밖으로 나가며, 집안에 병이 생겨 병원에 가는 경우가 많아진다. 따라서 가능한 다른 공간과 분리하

주방의 조명

주방은 그 어떤 공간보다 밝은 빛을 사용해야 한다. 주방의 조명이 어두우면 건강운이 좋지 않다.
(사진 제공 : 한글주택)

그릇의 보관

그릇은 입구가 하늘로 향하도록 세워서 보관해야 운기가 상승하고 재물이 들어온다. 유리그릇이나 사기그릇에는 구슬을 넣어두는 것이 좋다.

는 것이 좋다. 또한 소화기를 비치하고 음식 냄새가 신속하게 빠져나갈 수 있도록 환풍기를 설치한다.

그러나 개방된 주방은 환풍기구의 도움을 받아도 음식 냄새와 연기를 완벽하게 차단하지 못한다. 현대식 주방은 대부분 거실 부근, 즉 내부에 자리하고 있다. 따라서 주방에서 흘러나온 냄새는 거실이나 기타 공간에 스며들어 깨끗한 공기의 순환을 어지럽힌다. 이렇게 숨어든 냄새와 연기는 건강에 문제를 일으키고 정신적으로도 좋지 않다. 따라서 주방과 거실 사이에 문을 설치하거나 벽을 설치하는 것이 좋다.

불은 금전운을 뜻하므로, 주방의 가스레인지는 항상 청결해야 한다. 가스레인지가 음식이 넘친 이물질로 지저분하다면 재물운도 나빠지지만 오는 복도 달아나고 건강도 의심스럽다.

그릇이야말로 운을 담는 그릇이다. 간혹 설거지를 한 후 물기를 말린다는 이유로 그릇을 엎어놓는 경우가 많은데 운을 담고 재물의 복을 기대한다면 그릇의 입구가 하늘로 향하도록 바로 세워둬야 한다. 특히 백색의 사기그릇이나 유리그릇에는 구슬이나 작은 동전을 넣어두면 좋다.

드러나는 것은 사용하기 마련이다. 간혹 칼을 보란 듯 식탁이나 조리대 위에 올려놓고 사용하는 경우가 있는데 이는 반드시 피해야 할 일이다. 칼을 드러나는 곳에 두면 반드시 피해를 입히므로 보이지 않는 곳에 깊숙이 수납해야 한다.

최근 주택을 설계하며 공간의 효율이라는 측면에서 주방과 거실을 하나의 공간으로 설계하는 경우가 많다. 그러나 두 개의 공간이 연결되면 냄새와 연기의 혼입도 문제지만 가로세로의 비율이 1:2가 넘는 빈상이 되어 집안의 재물이 새어나간다. 간혹 두 개의 공간을 연결하다 보니 들쭉날쭉한 형상이 되기도 하는데 이는 살기를 불러오기도 하며 건강에 악영향을 미친다. 거실과 주방이 트여 있다면 조리대가 거실에서 보이지 않도록 커튼을 치거나 작은 가구를 이용해 차단하는 것이 운기를 도와준다. 특히 주방에 매트나 러그를 깔아주면 기운을 상승시킬 수 있고 습기도 적어지므로 건강에 도움이 된다.

주택이나 전통가옥의 경우 부엌이나 주방이 있는 공간이나 가까운 부근에 우물이나 연못이 있다면 심각하게 받아들여야 한다. 우물이나 연못은 여름철에 수인성 전염병을 옮기고 습기가 많아 호흡기 질환의 원인이 되므로 청결에 신경 써야 한다. 현대 주택에서 전통가옥의 우물에 해당하는 것이 개수대이므로 늘 청결을 유지하도록 한다.

화장실 주택에서 화장실의 수는 적을수록 좋다. 다층 형식의 주택이라면 화장실을 침실 상부에 배치하지 말아야 하고 가능한 습기를 제거하여 청결을 유지할 수 있도록 해야 한다.

욕실 화장실과 욕실은 잘 드러나지 않아야 좋다. 화장실과 욕실이 드러나면 구설수를 불러오고 책임지지 못할 일이 생긴다.**(좌우 사진 제공 : 한글주택)**

멀수록 좋은 화장실

주택에서 화장실은 없어서는 안 되는 공간이지만 지나치게 가까이 두면 좋지 않다. 우스갯소리이지만 "처가와 측간은 멀수록 좋다"는 옛말이 있다. 현대적 의미에서 모두 맞는 것은 아니지만 측간, 즉 화장실이 먼 곳에 있어야 한다는 말은 일견 이해가 간다. 측간은 고약한 냄새가 나며 병을 불러오는 공간이라는 인식 탓일 것이다.

과거에는 화장실이 집에서 떨어진 곳에 있었지만 현대 주택에서는 아주 가까운 곳이나 주택 내부에 설치되므로 냄새가 나지 않는 구조와 청결이 요구된다. 방과 방 사이나 방 안, 현관문의 정면에 화장실을 두는 것은 좋지 않은데 공간 배치의 효율성 때문에 아파트와 같은 주택에서는 불가피하게 이러한 배치가 많이 쓰인다.

어떤 경우라도 화장실은 대문과 마주하면 좋지 않다. 현관을 들어서서 바로 화장실이 보이면 구설수가 있거나 남에게 창피당할 일이 생긴다. 따라서 가능한 문을 닫아두는 것이 좋고 만약 현관이나 대문에서 빤히 보이는 정면이라면 벽을 설치하여 정면에서 보이지 않게 하거나 시선을 차단할 수 있는 발 같은 물건을 배치하는 것이 좋다.

일반 주택의 경우에도 화장실을 대문 옆에 두면 흉하다. 대문은 귀貴가 들어오는 공간이며 남자의 명예를 나타내는 공간이다. 따라서 대문 옆에 화장실이 자리하면 남자의 사회생활이 원활하지 못하고 명예가 실추된다.

화장실은 세면시설을 함께 배치하며 물을 사용하는 공간이다. 아

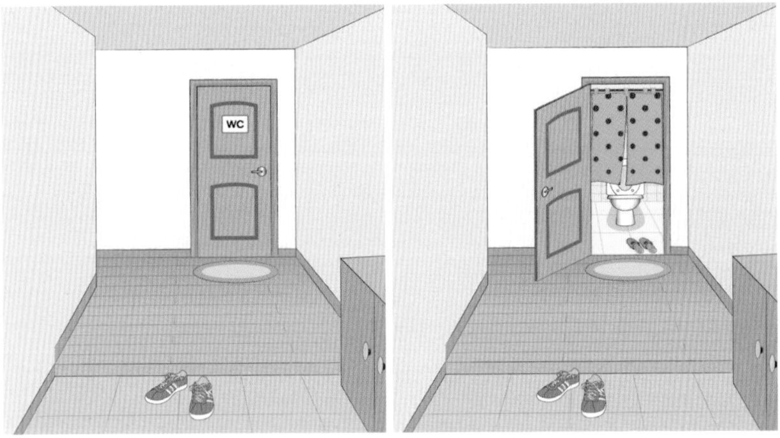

화장실과 현관 문을 들어서서 화장실이 바로 보이면 구설수가 있고 창피를 당할 일이 많아진다. 발을 내리거나 화분을 세워 화장실이 문에서 직접 보이지 않도록 가려주는 것이 좋다. 화장실 문은 항시 닫아두어야 한다.

무리 배수시설이 완벽해도 시간이 흐르면 누수가 일어나 고인 물이 악취로 변하고 건강에 악영향을 미친다. 또한 콘크리트로 스며든 물은 철근을 부식시켜 백화현상이 일어나며 일산화탄소와 같은 독소가 배출된다. 따라서 집 안에 화장실을 포함해 물의 사용이 빈번한 시설은 가능한 적게 만드는 것이 건강에 좋다. 또한 화장실은 통풍과 환기를 고려하여 강제적으로라도 환풍시설을 설치해야 한다.

욕실은 화장실과 연계해서 파악할 수 있다. 독립된 욕실이나 침실에 딸린 욕실이나 크게 다를 것은 없다. 그러나 독립된 욕실보다 침실에 딸린 욕실이 더욱 영향을 미친다. 침대와 욕실을 일직선으로 배치시키지 않는다. 욕실에서 피어나는 습기와 냉기가 건강에 나쁜 영향을 주기 때문이다. 또 화장실은 깨끗하게 정리하고 청소하며 물기가 없는 것이 좋다. 만약 침실에 욕실이 딸려 있다면 나쁜 기를 흡수하는 것으로 알려진 붉은색 계열의 선인장을 놓아두거나 보라색 그릇에 소금을 담아 놓아둔다.

기의 출입구, 현관

현관은 사람과 함께 운기가 드나드는 출입문으로, 귀貴의 힘이 있는 남동쪽, 동쪽, 남쪽, 북서쪽이 좋다. 즉, 남동쪽과 동쪽, 남쪽은 귀함이 있다는 동사택이고 북서쪽은 서사택이지만 하늘의 기운이 미친다는 방향이다.

현관의 구조는 전착후관으로 이루어져 있어야 길하다. 즉 입구는 좁고 현관을 지나 안으로 들어서면 거실과 같은 구조로 넓어져야 한

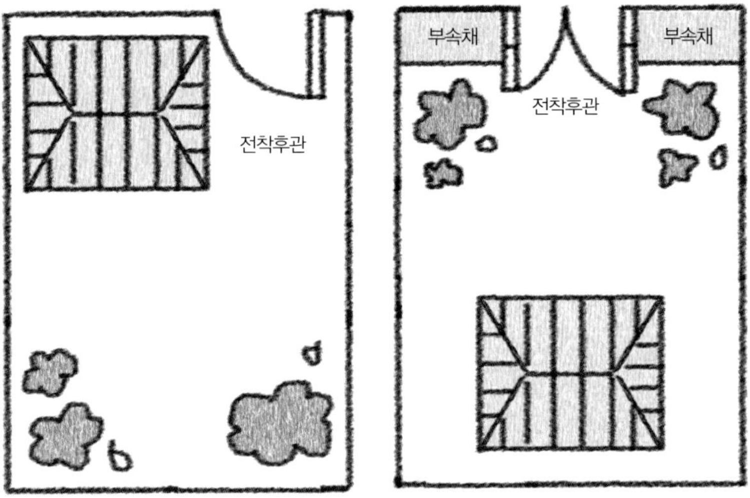

전착후관 출입구는 좁고 안으로 들어서면 넓어져 후덕해야 한다. 개인주택의 경우라면 담이나 부속채를 이용하여 출입구를 전착후관으로 배치할 수 있다. 아파트나 공공 건축물의 경우에는 전실을 배치하여 전착후관을 구성한다.

다. 문을 열자마자 현관이 나타나면 좁은 통로 모양의 공간을 배치하는 것이 좋다. 이처럼 현관은 이중문으로 이루어지면 좋다. 다만 지나치게 좁으면 행동의 제약이 따르므로 현관이 좁다면 신발장 이외에는 배치하지 않는다. 주택이라도 대문이나 출구에서 현관에 이르는 공간이 전착후관으로 좁아지는 통로형이 좋다. 만일 현관에 위층으로 오르는 계단이 있다면 계단의 폭을 넓혀 안정성을 확보한다.

대문과 마찬가지로 현관은 귀한 기운이 들어오는 곳으로 화장실을 배치하지 않는다. 현관에는 작은 거울을 걸어야 하는데, 왼쪽에 거는 것은 귀의 발복發福과 관계가 있고 오른쪽에 걸면 재산과 관련 있다. 현관의 거울은 흰색 테두리를 두르면 좋다. 가로로 긴 것은 빈상이므로 피하는 것이 좋고, 가능한 팔각형이나 원형이 좋다. 팔각형은 팔괘를 의미하여 나쁜 기운을 방어한다는 의미가 있다. 지나치게 많이 걸면 좋지 않고, 출입구 정면에는 걸지 않는다.

현관에 다양한 가구를 배치하면 운기가 흐트러지므로 하나의 수납 공간을 마련하거나 늘어놓는 배치를 피한다. 화분이 많아도 기가 분산된다. 현관은 기의 출입구이므로 늘 청결을 유지해야 한다. 옛 선조들은 아침 일찍 현관 앞을 비질하여 맑은 기운을 들이고 손님을 맞이하였다. 만일 현관이 지저분하다면 가족의 건강은 사라져버린 것과 다름없다.

현관에는 크기가 작은 가구를 배치해야 칙칙해 보이지 않는다. 아울러 어두운 색의 벽지나 어두운 재질의 신발장은 피하는 것이 좋다. 바닥은 불의 기운을 의미하는 붉은색 계통의 타일이 좋고 북쪽과 수水의 기운을 의미하는 회색이나 검은색 계통은 피한다.

현관은 좋은 운이 들어오지만 나쁜 운도 들어오는 통로다. 이때 밖에서 들어오는 나쁜 운을 걸러내는 것이 바로 매트가 된다. 현관에 매트를 깔아두면 포인트가 되는데, 붉은색이나 파란색으로 포인트를 준 흰색 매트를 깔면 전체적으로 운이 상승한다.

현관은 조명에도 많은 신경을 써야 한다. 그런데도 대부분의 아파트나 개인주택에서는 현관 조명에 대해 크게 신경 쓰지 않는 편이다. 대개 천장 빛이 약하거나 밝지 않은 등을 하나만 달아놓는 정도인데 개선이 필요하다. 현관은 많이 사용하지 않는 공간이라는 생각 때문에 크기도 조그맣고 비교적 어두운 조명을 사용하기 쉬운데 현관이 지나치게 어두우면 오던 복도 달아난다. 현관은 건강과 더불어 강한 기를 유입시킨다는 점에서 가능한 밝은 조명이 좋다. 또 어두운 현관에는 신발장에 스탠드를 부착하거나 사람이 드나들거나 움직일 때 켜지도록 자동센서를 부착한 보조등을 다는 것이 좋다. 등의 색은 백열등이나 주광색 계열의 밝은 것이 좋다.

현관에 식물을 놓아두면 나쁜 기를 삼켜버리는 효과가 있다. 단 가시가 있거나 지나치게 큰 식물은 피한다. 소나무는 기가 들어오는 것을 막으니 피하는 것이 좋다. 만일 화분이나 나무를 심는다면 성인 남자의 키보다 작은 나무를 심어야 한다.

진입 공간은 딱딱한 콘크리트보다 잔디나 침목을 깔아 분위기를

출입구의 그림

그림은 실물과 같은 기의 효과가 있다. 출입구나 입구에 큰 나무 그림을 거는 것은 큰 나무를 심어놓은 것과 같아 한자의 한(閑)과 같은 형상이다. 반드시 피곤해지고 곤란한 일이 생긴다.

부드럽게 하고 너무 많은 화분을 두지 않도록 한다. 만에 하나 출입구에 지나치게 큰 나무를 심거나 큰 나무 그림을 걸면 빈곤해지고 가장이 사회생활에서 곤란에 처한다. 또한 큰 정원석을 두는 경우도 있는데, 정원석의 높이가 1m 이상이거나 하늘을 향해 찌르듯 뾰족하다면 안주인이 심한 질병을 앓을 수 있다.

· **앞은 좁고 뒤는 트여야 한다** 양택은 크게 좌향坐向, 주택의 구성, 명궁命宮, 조옥造屋, 조원造園 등으로 나눌 수 있다. 이는 일반적인 주택을 파악할 때 크게 작용하는 것이다. 이 중에서 특히 좌향이란 말을 많이 사용하고 중요하게 여기는데, 이는 집의 위치와 집이 향하고 있는 방위를 말하는 것이다. 주택의 구성이란 3요要라고 하는데, 대문門, 주主, 주방灶을 가리킨다.

3요 가운데서 특히 대문이 중요한데 대문이란 막연하게 사람이 출입하는 용도만을 가진 것은 아니다. 일반적으로 양택에서 대문이란 기의 출입구로, 사람으로 말하면 입과 같다. 사람에게 입이 얼마나 중요한가? 입이 바르면 호흡을 하고 음식을 먹기 편한 것과 마찬가지로 문이 바르면 당기堂氣를 받아들이고 재물이 가득 찬다. 특히 대문은 남자의 권위를 의미하므로 바로 세우고 청결하게 관리해야 한다.

보통 우리의 전통 건축은 집 주변에 담을 치는데, 이 경우는 담에 달린 대문이 문이다. 그러나 담 없이 울타리나 펜스가 쳐져 있다면 대문을 문으로 보지 않고 집 또는 건물에 달린 문을 문으로 본다. 만에 하나 대문이 담에 달려 있다 하더라도 담이 무너지면 담이 없는 것으로 간주하여 건물에 달린 현관문을 문으로 본다.

문

문은 매우 중요하다. 주택, 상가, 공공 건축물을 비롯해 모든 건축물의 판단은 문을 기준으로 한다.
(사진 제공 : 한글주택)

아파트와 같은 공공건축물은 각 세대에 달린 문을 문으로 본다.

아파트 문화도 점차 달라지고 있다. 최근 들어 전통 풍수에 따라 전착후관의 개념을 적용한 아파트를 종종 볼 수 있다.

전착후관이란 앞은 좁고 뒤는 트여야 한다는 풍수 개념으로, 복주머니를 연상하면 쉽게 상상이 간다. 즉, 사람이 출입하는 곳은 좁고 안으로 들어서면 건물과 비교해서 넓어 너그럽고 안정감이 드는 것을 말한다. 전통가옥에서 대문의 좁은 곳을 통과해 안마당으로 들어가는 것과 현대 건축에서 현관을 통과해 거실로 들어가는 것은 같은 이치이다. 이와 같은 구조는 마음이 풍요로워지고 복이 가득 들어온다. 또 입구가 좁고 안으로 들어갈수록 넓어지는 복주머니처럼 일단 재물이 들어오면 나가지 말라는 의미로, 가족의 생활에서 재물의 중요성을 말한다.

예전 아파트에는 그런 공간이 별로 없었는데, 최근에는 문을 들어섰을 때 복도 형식의 좁은 통로가 나타나게 하거나 현관을 좁게 설계하고 있다. 또 신발을 벗는 공간을 중심으로 안이 보이지 않도록 덧문을 달거나 현관에 작은 공간을 만드는데, 이를 달리 전실이라고도 한다.

사실 전착후관은 공기조화의 정기精氣에 뜻을 둔 것이다. 문을 열었을 때 안이 넓게 뚫려 있다면 나쁜 기운이나 강한 바람이 안으로 한꺼번에 몰려 들어갈 수도 있다. 공기 속에는 병균과 정기精氣, 그리고 생기와 사기死氣가 섞여 움직이므로, 갑자기 들어온 많은 양의 공기는 반드시 청량하다고 볼 수 없다. 따라서 이 공기가 갑자기 섞이는 것을 방지하고 안정감이 들게끔 하는 것에 깊은 뜻이 있는 것이다. 또한 급하게 흐르는 공기는 살기를 띠므로 속도를 늦춰야 한다. 아울러 전착후관의 또 다른 속뜻은 외부인의 급작스러운 방문에 내부 사람이 마음의 준비를 할 시간을 버는 것이다.

예부터 전착후관부귀여산前窄後寬富貴如山이라는 말이 있다. 즉, 앞이 좁으며 뒤가 후덕하면 부귀가 산처럼 쌓인다는 말이다. 따라서 출입구를 좁게 함은 재물을 산더미처럼 쌓이게 하는 일이다. 대문이든, 현관문이든 출입하는 곳이 좁으면서 거실이나 정원에 들어서면 넓어지는 구조를 지녀야 한다. 대문을 들어서서 바라볼 때 건물에 비하여 정원이 안정감이 들어야 전착후관이다.

대문 앞의 지면은 네모반듯해야 길하다. 좌우의 건물이 지나치게 높으면 본 건물을 위압한다. 아랫사람이 상전을 누르려는 격이다. 내당건물을 위주로 보호건물로 지어진 회랑이나 축사, 행랑 등이 좌우 전면에 낮게 배치되어야 하고 내당으로 출입할 시에는 내외 문을 만들면 길하다. 전착후관의 법칙은 개인의 주거지뿐 아니라 모든 건물에 공통적으로 적용되며 상가의 경우도 마찬가지다.

공간의 멀티플레이어, 원룸

사회가 다변화하며 원룸 문화가 생겨나고 있다. 기존의 가옥이나 양택의 개념과는 조금 다른 듯해도 풍수의 적용은 다를 것이 없다. 인테리어의 적용에 있어서도 마찬가지다.

원룸은 비교적 작은 규모에 적은 수의 사람이 거주하므로, 좁은 공간에 많은 가구를 배치해야 한다. 따라서 공간을 구획하는 칸을 설치하지 않아 많은 것이 노출된다. 즉, 화장실이 보이거나 주방과 거실이 하나의 공간이고 침실과 거실이 하나의 공간이다. 크게 보아서는 모든 구역이 하나의 공간에 배치되어 노출된다.

경우에 따라서는 입구에 들어서자마자 공간이 열려 화장실이 보이거나 침대가 눈에 들어온다. 따라서 차폐가 필요하고 비보가 필요하다. 집의 내부가 지나치게 노출되고 훤히 보이는 구조는 재물이 나가는 구조다. 중간에 실커튼이나 발 등을 설치하거나 가구를 배치하면 좋다. 또 전자기기들이 너무 밀착되면 좋지 않다. TV와 컴퓨터가 나란히 붙어 있거나 냉장고와 가스레인지 혹은 전자레인지가 붙어 있는 것도 좋지 않다.

일반적으로 현관문은 남동쪽, 동쪽, 남쪽, 남서쪽, 북서쪽이 좋은 방향이다. 그러나 북쪽과 서쪽, 동북쪽은 가능하면 피하는 것이 좋다. 동쪽과 동남, 남쪽은 동사택으로 성장의 기운이며 남서쪽은 서사택이지만 재물을 보호하는 문, 서북쪽은 강한 기운이 들어오는 문이다. 그러나 북쪽은 너무 어두운 방향이고 서쪽과 북동쪽은 재물이 들락거리다 나가버리는 공간이므로 좋지 않다.

가뜩이나 훤한 현관에 지저분한 사물을 놓는 것은 기를 몰아내는 것과 같으며 사회생활에 먹구름이 끼는 것이나 다름없다. 항상 청결해야 하고 신발이 지저분하게 놓이지 않도록 신발장이 있어야 한다. 신발장은 노출형이 아닌 문을 닫을 수 있는 것이어야 한다.

들어오는 현관의 입구 정면으로 거울이 위치하면 좋은 기운이 거울에 반사되어 빠져나가니 좌우측 벽면으로 배치한다. 거울은 테두리가 있는 원형이나 팔각이 좋으며 욕심을 부려 양 방향으로 거울을 두

현관 현관이 지나치게 지저분하면 재물이 나간다. 화분을 배치할 때 구부러진 나무나 침엽수, 뿌리가 드러난 나무는 극히 좋지 않다.

면 서로 반사해서 좋은 기운들이 모두 나가버린다.

원룸이라 해도 테이블은 필요한데 보통 거실 한가운데 놓게 된다. 유리나 석재 테이블은 기를 빼앗아가고 운기에 좋지 않은 영향을 미쳐 일을 그르치고 건강을 해한다. 따라서 가능한 원목 테이블을 배치한다. 때로 원목 위에 유리를 덮는 경우도 있는데 유리를 빼고 원목의 재질이 드러나도록 사용하는 것이 좋다.

좁은 공간으로 구성되는 원룸이라 해도 관목식물을 배치하는 것이 좋다. 가능한 구석진 곳의 모서리 부분에 배치하고 빛이 들어오면 좋다. 빛이 없다면 간혹 빛을 보도록 하고 조명을 설치해주면 좋다. 사람의 키보다 큰 식물은 명예를 빼앗아가므로 삼가고 죽은 식물은 즉시 폐기하여 집에 두지 않는다. 비비 꼬인 식물, 뿌리가 드러난 식물, 분재, 잎이 날카로운 식물, 벽을 타는 식물은 두지 않는다.

침대 머리는 가능한 창가에 둔다. 창가의 맑은 공기가 머리를 시원하게 하고 건강에도 좋다. 침대는 되도록 목재 침대를 사용하고 전기배선이 들어가거나 돌이나 철로 된 재질은 몸에 좋지 않으므로 피한다. 전기는 때로 좋지 않은 기를 발산한다. 전기장치로 온열하는 돌침대를 사용한다면 자기 전에 미리 데워놓고 잠을 잘 때는 전기를 끄는 것이 좋다. 침대 머리의 형태는 원형이나 직사각형이 좋다. 침대 머리가 불규칙하면 나쁜 꿈이 반복된다.

침대 침대 머리는 창가 쪽으로 배치하는 것이 족열두한의 법칙에 위배되지 않는 방법이다. 특히 침대 머리 형태에 신경 써야 하는데 직사각형이나 원형이 좋다. 구불구불하거나 불규칙한 형태는 숙면을 방해하고 나쁜 꿈을 꾸게 한다.(사진 제공 : 한글주택)

원룸은 살림의 공간이지만 때론 학습의 공간이 되기도 하므로 책상의 배치가 이루어진다. 책상은 가능한 북쪽으로 향해야 차분한 분위기에서 공부할 수 있다. 빛이 직접 닿지 않아야 눈을 보호하지만 냉정과 집중력을 위해 백열등이나 주광색 계열의 스탠드는 필요하다. 아울러 책상에 앉았을 때 창과 문을 동시에 볼 수 있으면 좋다.

원룸에는 가급적 피아노는 들이지 않는 것이 좋다. 너무 무거운 가구는 사람의 기를 누른다. 지나치게 큰 가전도 마찬가지다. 일반 주택의 경우 허한 곳에 안정감을 주기 위해 무거운 가구나 피아노를 배치하지만 원룸은 다르다.

청소도 중요하다. 간혹 가전제품이나 그 주변을 놓치고 청소하는 경우가 있다. 먼지는 나쁜 기운을 의미하고 다가오는 액운을 의미한다. 따라서 TV, 오디오, 전화기 등 가전제품에 먼지가 쌓이지 않도록 자주 마른걸레로 닦는다. TV 주위에 작고 예쁜 금전수와 같은 관엽식물을 놓으면 좋은 기운이 상승한다.

에어컨의 경우 간혹 계절적으로나 혹은 전기를 아낀다고 사용하지 않을 때가 있다. 하지만 장기간 덮개로 덮어두면 흉한 기운이 발생해 나쁜 영향을 미칠 수 있으므로 파티션이나 커튼 등으로 가려주는 게 좋다.

도어벨을 달면 방문자의 확인이나 침입자를 살피는 것에도 도움이 되지만 집 안의 나쁜 기를 약하게 정화시키고, 좋은 기운을 집 안 곳곳에 퍼트려준다. 때로 문 위에 피리나 말발굽을 걸어두면 기운을 정화시키고 심리적 안정감을 준다.

나무가 사는 집, 정원

집에 정원이 있다면 나무를 심는 것은 매우 중요한 일이다. 정원수는 공기 정화의 측면에서 매우 중요한 역할을 한다. 정원수는 정신을 맑게 해주고 푸르름으로 마음을 정화시키며 공기를 순환시키고 여름에는 그늘을 만들어주는 등의 효과가 있다.

이처럼 나무가 지니는 순기능이 아주 많지만 역기능도 있으므로 살펴 심어야 한다. 그 일례로 집 안에 지붕보다 높은 나무가 있거나 구부러진 나무가 있다면 좋지 않은 일이 일어난다. 나무가 크면 명예를 빼앗기고 구부러진 나무가 있다면 다치는 사람이 많아진다. 수양버들처럼 축 늘어진 나무가 있으면 목을 매고 자살하는 사람이 있고 비비 꼬인 나무가 있으면 사업이 꼬인다. 가시가 많은 나무나 잎이 칼처럼 보이는 켄차야자 같은 나무를 심으면 폐에 무리가 오고 심장이 약해진다.

정원에 나무를 심는 것은 자연을 벗하고자 하는 성정이다. 따라서 우리의 정원은 인위적인 미美를 추구하는 서양식 정원과는 차이가 있다. 우리의 정서에서 정원에 정원수를 심고 꾸미는 것은 집을 잘 가꾸고자 하는 생활인 동시에 자연과의 합일이다. 따라서 우리의 정원은 지극히 자연적이며 마구 개발하거나 바꾸는 것이 아니다. 있는 모습에 약간의 인위적인 아름다움을 더하는 것이다. 우리의 정원은 자연을 이해하고 사랑하는 마음이며, 인간이 자연으로 회귀하는 마음이다. 우리의 풍수에서 나무는 사람의 마음을 어루만져주고 자연을 살피게 하는 것이다. 양택에서 수목은 인간의 성정을 부드럽게 만드는 요소며 즐거움이고 여유로움을 불러들이는 자연의 대용품이다. 그런데 풍수 조경에도 길흉이 있으므로 이를 잘 살펴 식수한다.

· **심어서 해가 되는 정원수도 있다** 우리의 풍수에서 나무는 좋은 기운을 가져오기도 하지만 때에 따라 나쁜 기운으로 사람에게 영향을 미치기도 한다. 정원에는 다양한 나무들을 심을 수 있지만 아무렇게나 나무를 심는 것이 아니라 방향이나 위치에 따라 심는 나무가 정해져 있었다.

나무의 종류도 중요하지만 나무의 생김새를 따지는 수형樹形도 매우 중요하다. 나무의 생김새에 따라 심지 못하는 나무가 있다. 가령 지나치게 큰 나무, 지붕을 넘겨 자라는 나무, 벽을 타고 오르는 나무, 가시가 많은 나무, 비비 꼬인 나무, 뿌리가 드러나는 나무, 심하게 휘거나 굴곡이 많은 나무, 잎이 지나치게 날카롭거나 칼처럼 보이는 나무 등이다.

아무리 좋아 보여도 집 안에 심으면 안 되는 나무도 있다. 느티나무나 은행나무는 어떤 경우도 집 안으로 들이지 않는다. 이 나무들은 마을 동구나 사원, 향고에 심거나 혹은 바람을 막기 위한 풍수림으로 조성하는 것이 좋다.

· **나무를 심는 방향이 있다** 근본적으로 심어서는 안 되는 나무가 있고 심어도 좋으나 심는 방향이 정해진 경우도 있다. 예컨대 집을 중심으로 동서남북을 나누어 각 방향마다 심는 나무가 있었다. 동쪽에는 복숭아나무, 버드나무를 심었는데 지나치게 가깝게 심지는 않는다. 특히 복숭아나무처럼 털이 있는 열매가 열리는 나무는 조상이 범접치

못한다 하여 멀리 심었다.

조선 후기 실학자 홍만선이 엮은 《산림경제》의 〈복거卜居〉 편에 따르면 서쪽에는 산뽕나무, 치자나무, 느릅나무를 심었는데 느릅나무는 위장의 염증에 좋아 간혹 가까운 곳에 심어 가지를 자르거나 껍질을 벗겨 사용하였다. 남쪽에는 매화나무와 대추나무를 심고 북쪽에는 사과나무나 살구나무, 벚나무를 심으면 집안에 길한 기운이 들어온다고 믿었다. 위의 나무들은 동쪽을 의미하는 좌청룡, 서쪽을 의미하는 우백호, 남쪽을 의미하는 주작, 북쪽을 의미하는 현무를 대신하는 길목吉木으로 인식되었으며 집안의 기운이 번성하고 부귀하게 된다고 보았다.

· **정원수의 금기사항** 나무를 집 근처에 심는 것은 좋지만 지나치게 가까이 심어선 안 된다. 《산림경제》에서도 나무는 일정 거리를 두고 심으라고 했다. 근본적으로 나무를 집 안으로 들이는 것은 그다지 좋지 않다. 따라서 나무는 약간 떨어진 곳에 심는 것이 일반적이다. 이와 같은 원리에 따라 정원수를 심는 법칙에도 금기 사항이 존재한다.

큰 나무를 정원 한가운데 심으면 좋지 않다. 뜰을 사각형 울타리 모양의 입 구口로 보았을 때, 그 속에 나무를 의미하는 나무 목木이 들어 있는 꼴이 된다. 그럼 빈곤할 곤困의 형상이 되기 때문에 집안이 가난해지고 주인이 심히 곤란에 처하게 된다.

대문에서 바로 보이는 위치에 나무를 심는 것도 좋지 않다. 대문 앞에 큰 나무가 있어도 좋지 않다. 문門 앞에 나무木가 가로막고 있으므로 한가할 한閑이 된다. 즉 집주인이 할 일이 없어져 한가해진다는 의미가 된다.

간혹 대문 앞에 큰 나무를 심는 경우가 있는데 이는 앞으로 다가올 살기를 막고자 비보하기 위한 것으로 이때도 일정한 거리를 두고 심는 것이 원칙이다. 또한 문 옆에 대칭으로 두 그루를 심는 것은 꺼린다. 문 앞에 버드나무를 심으면 목을 매 자살하는 사람이 나오고 대나무나 지나치게 커서 앞을 가리는 나무는 무조건 피한다.

남서쪽에도 큰 나무를 심지 않는다. 우리나라의 지형 상 남서쪽이 가장 오래도록 햇빛을 받을 수 있는데 나무가 지나치게 크면 집 안으로 들어오는 빛을 차단해버리기 때문이다.

아름다워 보이는 나무도 때로는 해가 된다. 시원함을 느끼게 해주는 수양버들은 동구 밖이나 논가에 심고 집 안에는 심지 않는다. 가지가 축축 늘어진 형상을 마치 상을 당한 여인이 머리를 풀어헤친 모

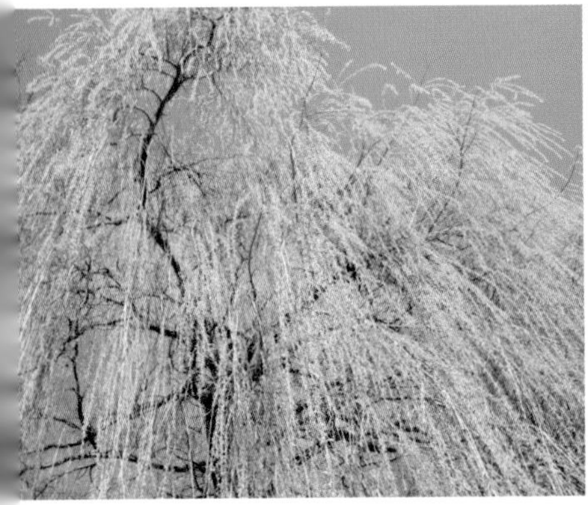

집 안에 심으면 안 되는 나무 버들은 바람에 흔들리는 모습이 요염한 여자의 허리와 비슷하다고 보아 집 안에 색기가 감돈다 하여 심지 않았다. 복숭아나무는 열매의 털이 따가워 조상이 집 안으로 들어오지 않는다 하여 들이지 않았다.

습이나 목을 매는 사람으로 보았던 것이다. 따라서 집안에 불행한 일이 발생한다고 여겼다. 아울러 버들은 잎이 작고 나뭇가지가 늘어져 바람이 불면 흔들리는데 그 모습을 요염한 여자의 허리와 비슷하다고 보아 집안에 좋지 않은 색기色氣가 감돈다고 여겼다.

과일나무는 때로 집 안에 심는 경우가 있지만 가시가 있거나 열매에 털이 있는 과일나무는 집 안으로 들이지 않았다. 복숭아나무는 축기를 믿었기 때문에 집 안에 심는 것을 금했는데 열매의 털이 따가워 제사를 지낼 때 조상들이 집 안으로 들어오지 못한다고 여겼다. 또한 요염한 도화색이 여자의 음기를 자극하는 것으로 보았으니 여성의 바람기가 집안을 망친다고 여겼다. 따라서 그 어떤 경우도 담 안에 복숭아나무를 심지 않았다. 심지어 복숭아나무를 우물가에 심는 것은 기생집 옆에 딸을 키우는 것만큼이나 기피했다고 한다. 복숭아가 심어진 물가의 여인들은 음탕하다고 보았기 때문이다.

뽕나무나 산뽕나무는 집과 가까운 곳에 심는 것은 좋다고 보았지만 집 안에 심는 것은 기피했다. 뽕을 따러 멀리 갈 필요가 없게 되므로 심신이 게을러진다고 보았기 때문이다. 그러나 분명 다른 이유가 있을 것으로 보인다. 일본에서는 정원수, 가로수로 심고 있다. 명자나무는 예부터 관상용으로 심은 관엽식물인데 집안의 아녀자가 바람난다고 하여 집에는 심지 않았다. 뜰 앞에는 오동나무, 집 안에는 무궁화와 상육, 집 주위에는 당풍, 사시나무, 가죽나무는 심지 않았다.

7장

행복을 부르는 풍수 수납법

풍수

정리정돈은 운을 여는 시작이다. 사람이 사용하고 남은 물건은 정리해야 한다. 정리에서 수납은 가장 효율적이고 풍수적인 방법이다. 즉 남은 물건은 보이지 않도록 수납하는 것이 좋다.

오래된 물건, 더러워진 물건, 쌓아놓은 물건은 운을 나쁘게 한다. 사람이 살아가며 사용하는 수많은 물건들은 각각의 기가 있다. 이 물건들이 방치되고 흩어져 있으면 사방으로 기가 분산되고 충돌을 일으킨다. 따라서 이 물건들을 잘 정리하고 수납하면 기의 충돌을 줄일 수 있다. 생활하는 순간마다 수납하거나 일정한 법칙에 따라 깨끗하게 정리하는 방법은 깔끔한 외관과 더불어 기의 충돌을 막아 건강한 삶을 살 수 있도록 해준다. 냉장고를 정리하거나 서랍장을 정리하고, 신발을 가지런하게 놓는 것도 이와 같은 이유에 어울리는 정리법이다.

옷장 수납

옷은 입는 것도 중요하지만 수납도 중요하다. 특히 수납은 주택 내부에 에너지를 뿌리거나 흡수하기 때문에 일정한 법칙을 가지는 것이 좋다.

옷이나 각종 액세서리, 가방 등의 수납 방법이 다양하게 제시되고 있지만 가장 좋은 것은 보이지 않게 장롱 등에 수납하는 것이다. 옷의 경우, 만일 공간의 여유가 있다면 드레스룸에 수납하는 것이 가장 좋은 방법이다.

수납

수납은 매우 중요한 풍수지리의 이법이다. 정해진 법칙에 따라 정리하는 방법은 깔끔한 외관과 더불어 기의 충돌을 막아 건강한 삶을 살 수 있도록 해준다.

옷장을 정면에서 보았을 때 오른쪽에는 가볍고 짧으며 가장 밝은 색의 옷을 걸고, 왼쪽으로 갈수록 무겁거나 진한 색의 옷을 건다. 코트는 길이나 소재와 상관없이 옷장 왼편에 거는데 잠바와 바람막이, 최근 많이 입는 파카, 패딩도 마찬가지다. 애써 방향을 따진다면 오른쪽을 남쪽, 왼쪽을 북쪽으로 보아 정리한다. 또한 옷장의 왼쪽에는 고급스러운 옷, 오른쪽에는 저렴한 옷을 건다.

계절에 제약을 받지 않고 수시로 입는 옷, 색에 무감각한 경우, 무채색의 옷은 소재로 따지거나 그 재물의 가치로 따져 위치를 결정해 수납한다.

땅과 가까울수록 음의 기운이, 위로 올라갈수록 양의 기운이 강해진다. 모든 사물은 음양의 기운이 조화로울 때 가장 이상적이다. 얇고 가벼운 옷들은 양의 기운을 지니고 있으며 주로 양의 계절에 입게 된다. 따라서 양의 옷은 양의 에너지와 어울리게 위쪽에 수납한다.

반대로 두껍고 색이 탁하거나 무거운 옷은 음의 기운이 강하거나 불규칙한 시기의 기운을 지니고 있으므로 아래쪽에 수납한다.

고정된 농이나 벽면, 혹은 수납 공간에도 기가 흐른다. 이 기를 활용하여 금전운을 상승시키고 복을 불러들이는 것이 올바른 수납의 방법이다. 종종 농이 부족하거나 장소가 좋지 않아 수납박스를 이용할 때가 있다. 이때는 통기성이 좋은 종이상자를 사용하는 것이 가장 유용하다. 플라스틱은 불의 기운이 있어 금전운을 태우므로 플라스틱 상자는 피한다. 그러나 불가피하게 플라스틱 상자를 사용해야 한다면 상자 밑에 조금 두터운 천을 깔아 수납하는 의류에 플라스틱이 직접 닿지 않도록 한다.

세탁소에 옷을 맡기면 비닐커버를 씌운 채 가지고 온다. 간혹 먼지가 쌓일 것을 염려해 비닐커버를 걷지 않고 그대로 옷을 걸어두는 경우가 적지 않다. 그러나 이 비닐커버는 불의 기운을 지녀 옷장이나 수납 공간의 기를 좋지 않게 하므로 벗겨서 보관한다.

· **치마 · 바지** 저축운은 곧 금전운이라 할 수 있는데 옷을 수납하는 방법만으로도 저축운을 상승시킬 수 있다.

치마는 집게가 있어 두 군데를 고정시킬 수 있는 옷걸이를 사용하는 것이 가장 좋다. 만일 한 곳만 고정되는 옷걸이를 사용한다면 치마 양쪽으로 반씩 접어 건다. 치마의 상하를 반으로 접어 걸거나 수납하면 기가 분산되어 좋지 않다.

바지는 거는 것이 좋지만 접어서 수납해야 한다면 중앙 부분에서 반으로 접고 다시 반으로 접은 다음 수납한다. 서랍에 넣을 때는 바지 허리 부분이 옷장 안쪽을 향하도록 하고 어떤 경우도 마구잡이로 던지듯 수납하지 않는다.

· **셔츠 · 블라우스** 셔츠를 보관할 때는 우선 옷의 양쪽 겨드랑이 부분을 뒤로 접는다. 이 방법으로 접어야 앞쪽이 반듯하게 드러난다. 셔츠의 앞이 울거나 반듯하지 못하면 명예에 금이 간다. 소매는 어떻게 접든 상관없다. 옷의 중앙 부분에서 다시 뒤로 반을 접으면 기운이 분산되지 않는다. 반으로 접은 상태에서 둥글게 말아 수납하는 것도 좋다.

셔츠와 블라우스는 전용 수납 공간을 만들면 좋다. 드레스룸이 있다면 셔츠와 블라우스만 따로 모아 보관하거나 옷장에 수납하면 좋다. 수납하는 요령은 정면에서 보았을 때 오른쪽에 흰옷과 밝은 색의 옷, 왼쪽으로 갈수록 짙은 색의 옷을 건다. 만일 서랍에 보관한다면 위 칸에는 흰 셔츠, 아래 칸에는 짙은 색의 셔츠를 수납한다.

옷은 짙은 색일수록 무거운 느낌을 주며 기도 강하다. 수납에도 무게의 법칙은 존재한다. 우측에서 좌측으로 또는 위에서 아래로 봄, 여름, 가을, 겨울 순서로 수납하는 것이 좋다. 이는 계절에 따라 색상이 달라지기도 하지만 옷의 무게가 달라지기 때문이기도 하다. 티셔츠나 스웨터의 보관 방법도 마찬가지다. 특히 가벼운 차림의 옷이나 티셔츠와 같은 간편한 옷들은 개어 수납하는 것이 좋다.

· **정장** 정장은 외출 시 입거나 외부 업무 시 입는 옷이므로 외부의 에너지를 묻혀 집 안으로 들어온다.

정장의 수납이 중요한 것은 바로 이러한 에너지의 흐름과 연관 있기 때문이다. 정장을 입고 외출했다가 집에 들어올 때는 항시 문 앞이나 현관에서 터는 것이 중요하다.

또한 정장은 옷장에 거는 위치에 따라 기의 움직임이 달라진다. 되도록이면 방의 서쪽에서 북쪽 사이의 방위에 수납하는 것이 좋으며 중요한 회의나 미팅 때 입으려고 준비한 옷은 북쪽에 미리 걸어놓았다가 입는 것이 좋다.

· **넥타이·스카프** 넥타이나 스카프는 진취적인 행동력을 나타낸다. 아울러 고정적인 금전운을 상징하기도 한다. 운을 좋게 하고 싶다면 동그랗게 말아 서랍이나 바구니에 보관한다. 접어서 보관하는 것은

가장 안 좋은 보관 방법이다.

넥타이걸이를 이용해 여러 장의 넥타이를 걸 때는 서로 겹치지 않도록 한다. 각각의 넥타이걸이에 한 장씩 걸어둔다. 스카프는 가지런히 접어 보관하는 것이 올바른 수납 방법이다. 소재에 따라 구분해서 수납하고 향수를 함께 넣어두면 애정운이 상승한다. 여러 계절의 스카프를 마구 섞어 걸어두는 것은 마치 헌 양말과 새 양말을 섞어두는 것과 같다.

· **양말·스타킹** 양말과 스타킹은 인간관계를 의미하는데 현대사회에서 인간운은 바로 명예이며 금전운과도 직결된다. 양말은 반드시 좌우를 한 세트로 접어 수납해야 하는데 공간을 따로 마련하는 것이 좋다. 양말이 짝짝이로 따로 나뒹굴면 인간관계가 나빠지고 주위 사람들로부터 좋지 않은 평을 듣게 된다. 스타킹은 둥글게 말아 예쁜 상자에 수납하고 올이 풀린 것은 바로 버려야 애정운이 높아진다.

넥타이 수납 진취적인 행동력, 고정적인 금전운을 상징하는 넥타이는 말아서 서랍이나 바구니에 보관한다.

· **속옷** 몸에 직접 닿는 속옷은 복을 불러오는 데 큰 영향을 미친다. 속옷은 건강은 물론이고 음양의 조율이라는 측면에서 생각해야 한다. 속옷은 내부에서 상하 음양을 조율하는 역할을 한다. 따라서 장롱을 기준으로 했을 때 음양의 기운이 균형을 이루는 위치인 중앙에서 약간 위쪽에 수납하는 것이 좋다.

속옷은 늘 입지만 겉으로 드러나지 않는 옷이다. 겉으로 드러나지 않는 옷은 역시 드러나지 않게 수납하는 것이 바람직하다. 마구잡이식으로 장롱에 섞어 수납하는 형태라면 비록 크기가 작더라도 속옷용 수납장을 별도로 마련하는 것이 좋다. 간혹 화장대 밑에 수납하는 경우가 있는데 이때도 서랍을 이용하여 가능한 보이지 않도록 수납하는 것이 좋다.

속옷을 수납할 때는 아래쪽보다는 꺼내기 쉬운 허리 높이쯤에 보관하는 것이 좋다. 그러나 작은 수납장을 마련하여 티셔츠 등의 다른 옷과 함께 수납하는 형태라면 아래쪽에 수납하도록 한다.

브래지어의 캡은 풍요로운 금전운을 상징한다. 이는 브래지어의 캡이 그릇 모양이며 금전과 관련이 있는 금형의 형상을 지니고 있기 때문이다. 브래지어를 수납할 때는 절대 그 모양이 변하면 안 된다. 따라서 찌그러지거나 눌리지 않도록 두 개로 접어서 겹친 다음 짙은 색은 바깥쪽에, 옅은 색은 안쪽에 차곡차곡 수납한다. 팬티는 옅은 색은 바깥쪽에, 짙은 색은 안쪽에 수납하는 것이 좋다.

· **가방** 가방은 행동력을 높여주는 아이템이다. 가방을 수납할 때 중요한 것은 바닥에 닿지 않게 두는 것이다. 가방을 바닥에 두면 허리가

아프고 움직임이 둔해진다. 아무 데나 던져두거나 차곡차곡 쌓아두면 건강에 적신호가 온다.

가방은 자기 허리보다 위쪽에 수납하는 것이 좋고 늘 경쾌하게 움직이길 원한다면 고리에 걸어 수납하는 것도 좋다. 장롱 안쪽에 고리를 마련하여 걸어두는 것도 좋은 수납 방법이다. 자주 사용하는 가방은 안에 내용물을 넣은 채로 거는 경우가 많으므로 되도록 튼튼하고 단단한 고리를 사용한다.

가방의 종류는 아주 다양하다. 따로 보관하거나 수납하는 룸이 있다면 좋겠지만 관리가 부실하여 먼지를 뒤집어쓰면 좋지 않다. 여행가방처럼 자주 사용하지 않는 가방이나 핸드백은 잘 손질한 후 약간 두꺼워 먼지가 잘 끼지 않고 빛이 스며들지 않는 천에 싸서 간이 창고나 드레스룸에 수납한다.

이불장 수납

밤새 편안하게 숙면을 취하는 사람은 운이 좋은 사람이다. 신경이 예민해지거나 몸이 약해지면 대체로 깊은 잠을 자기가 힘들기 때문이다. 잠을 잘 자는 사람, 즉 운 좋은 사람이 되기 위해서는 침구 수납에 신경 써야 한다.

이불을 장롱에 수납하는 경우에는 습기가 차기 쉬운 아래 칸보다는 건조한 위 칸에 수납한다.

이불은 부피를 많이 차지하므로 철 지난 이불을 수납할 때는 부피를 줄이고자 종종 압축팩을 사용하는 경우가 있다. 압축팩은 주로 오리털 이불이나 거위털 이불, 혹은 이와 같은 소재의 겨울 파카를 수납하는 과정에서도 사용한다. 그러나 압축하는 과정에서 금전운이 사라지므로 압축팩에 넣어 보관하는 방법은 되도록 피한다.

주방 수납

주방을 정리하는 것은 옷장을 정리하는 것처럼 중요하고 금전운, 건강운과도 깊은 관계가 있다. 가벼운 물건은 위 칸에 넣어야 균형이 잘 맞는다. 도자기처럼 흙으로 만들어진 물건과 유리처럼 물의 성격을 가진 물건을 같은 칸에 수납하는 것은 금물이다. 따라서 도자기그릇은 낮은 칸에, 유리그릇은 눈높이보다 높은 칸에 각각 따로 수납한다.

· **조리도구** 프라이팬과 같은 주방용 조리도구를 싱크대 벽에 걸면 저축운을 상승시킬 수 있다. 그러나 지저분한 상태로 걸면 오히려 금전운이 소멸된다. 사용한 조리도구는 깨끗이 씻어 동일한 소재와 색상을 선택해 약간의 간격을 둔 다음 나란히 건다.

그 밖의 조리도구는 싱크대 문 안쪽 보이지 않는 곳에 두는 것이 금전운을 상승시킨다. 여러 가지 조리도구를 싱크대 주변에 늘어놓는 것은 보기에도 지저분하고 어지럽지만 인간관계는 물론이고 가족 간의 불신을 초래한다. 그러나 만일 동일한 디자인의 세트라면 보이는 곳에 통일감 있게 걸어두는 것도 인간관계의 운을 향상시키는 데 좋다.

냄비류와 같은 조리도구는 물의 기운을 갖고 있으므로 싱크대 아래에 수납한다. 그러나 주식인 쌀이나 소금, 기름 등을 싱크대 아래에 함께 수납하면 갖고 태어난 금전운까지 없어지므로 피하도록 한다.

· **도마** 주방을 동쪽에 배치하면 좋다는 것은 자연채광으로 인해 살균이 되기 때문이다. 평상시 물을 많이 사용해 습기가 많은 주방은 가능한 건조하게 유지되어야 가족이 건강하다. 식품을 썰고 다지는 도마는 때로 화장실 이상으로 세균이 번식하기 때문에 항상 청결하게 보관해야 한다. 만일 해가 잘 들어오는 방향에 주방이 위치한다면 도마는 햇빛에 자연살균한 후 수납한다. 사용한 도마는 깨끗이 씻어서 물기 없는 곳에 세워두는 것이 좋다. 행주 또한 도마와 마찬가지로 햇빛에 자연살균하여 수납한다.

· **칼** 주방에서 가장 위험한 물건은 식칼과 부수적인 도구이다. 종종 식칼을 도마와 함께 보이는 곳에 두는 경우가 있는데 칼은 종류를 불문하고 칼집이나 서랍 안에 넣어 시선이 머무는 곳으로부터 분리해야 한다. 칼을 보이는 곳에 방치하면 불행한 일이 생겨나고 애정운이 나빠진다. 한때 유명 상표의 식칼을 보이도록 장식하는 것이 유행하던 때가 있었다. 또한 지금도 많은 가정에서 칼이나 수저, 포크 같은 물건을 드러내놓고 장식하고 배치하는 경우가 많다. 그러나 이러한 물건들은 가능한 건조되는 대로 보이지 않게 수납하는 것이 가장 좋다.

· **조미료** 조미료는 되도록 사용하지 않는 것이 좋지만 요리 과정에서 반드시 필요한 경우도 있다. 그렇다 하더라도 화학조미료는 가능한

주방의 도구 날카로운 도구는 살기를 동반한다. 어떤 경우라도 식도와 과도 등의 칼은 보이지 않는 곳에 수납하도록 한다. 조미료통은 속이 비치지 않는 도자기로 만들어진 것을 사용하는 것이 좋다.

사용하지 않는 것이 좋다. 화학조미료는 건강에 안 좋은 영향을 미칠 뿐만 아니라 여러 물건들과도 작용을 한다.

조미료통은 흙의 기운을 갖고 있으며, 금전운이 새나가는 것을 막아주는 하얀 도자기 제품이 좋다. 속이 들여다 보이는 조미료통은 돈이 모이지 않게 한다. 많은 가정에서 남은 양을 볼 수 있도록 제조된 플라스틱 조미료통을 사용하는데 되도록 쓰지 않도록 한다. 더불어 플라스틱통은 불의 기운을 갖고 있으므로 조미료의 성분을 변화시킨다. 또한 조미료통은 가능한 오픈형이 아닌 문이 있는 수납장에 넣는 것이 좋다.

· **시계** '시간은 돈'이라는 말이 있지만 시간을 가리키는 기구 역시 돈이다. 키친 타이머를 보이는 곳에 놓아두면 낭비되는 돈을 줄일 수 있다. 최근에는 주방이나 가구에 전기 스위치나 타이머, 혹은 디지털

시계가 부착된 경우가 많다. 그러나 주방에 큰 시계를 걸거나 디지털 시계를 거는 것은 권장하지 않는다. 또한 가능한 작은 타이머를 사용하도록 한다.

· **식기** 무거운 접시나 지나치게 큰 그릇은 아래 칸에 수납하고 재료와 크기로 인해 가벼운 것은 위 칸에 수납한다. 탁한 색의 그릇은 아래쪽에 수납하고 밝은 색의 그릇은 위쪽에 수납한다. 이러한 수납 방식은 무게 중심을 잡는 데도 유리하다.

식기 선반에는 다양한 물건을 수납하지 않도록 한다. 식기 선반에 식기 외의 물건을 두면 그 물건의 기운을 식기가 흡수해버려 좋지 않다. 특히 과자나 먹을거리 등을 함께 넣어두면 돈을 헤프게 쓰게 된다.

유리 제품은 눈높이보다 위쪽에 두고 도자기류와 섞어서 수납하지 않는다. 흙을 소재로 한 도자기와 물을 소재로 한 유리를 같이 두

그릇의 수납 모든 그릇은 입구가 위로 향하도록 수납하고 뚜껑이 없는 것은 작은 유리구슬을 넣어두면 좋다. 가능한 문이 달린 수납장을 사용하고 드러나지 않도록 하는 것이 좋다.

면 흙과 물의 기가 섞이게 된다. 물이 넘치면 둑을 타넘듯이 조화가 깨지고, 흙이 물의 기운을 막기 때문에 좋은 기운을 잃게 된다.

백색의 사기그릇이나 유리그릇은 매달거나 엎지 말고 똑바로 세워 수납하고 구슬 하나 정도를 넣어서 보관하면 운이 상승한다.

문이 없는 오픈형 수납장에 컵을 보관하면 금전운이 모두 사라져 버린다. 되도록 기를 모으는 데 유리한 문이 달린 수납장을 사용하는 것이 좋다. 만약 부득이하게 오픈형 수납장을 사용해야 한다면 이때는 컵에 캔디나 구슬 등의 둥근 물건을 넣어두면 풍요로운 기운을 가져올 수 있다.

소품 수납

주거 공간에 자잘한 소품이 많으면 돌출된 공간이 많아지므로 기의 흐름을 방해하고 왜곡시킨다. 자잘한 소품을 여기저기 배치하면 에너지가 깨지고 흐트러져 신경을 날카롭게 찌르는 것과 같다. 따라서 자잘한 물건은 가능한 장식장이나 장롱 등의 가구에 넣고 문을 닫아두는 것이 좋다.

흔히 여행을 하면 액자나 작은 가구, 기념품 등을 사가지고 와서 장식하는데, 기념품은 대부분 크기가 작고 장식하면 어수선한 느낌을 주기 쉽다. 따라서 만일 기념품을 진열하고자 한다면 반듯한 크기의 장식장을 이용해 깔끔하게 수납하는 것이 좋다. 책상, 침대 옆 협탁, 탁자 등에도 놓지 않는다. 이런 가구들은 상면이 깨끗해야 건강이 좋아지고 금전운이 좋아진다.

소품 수납

자잘한 소품을 여기저기 배치하면 에너지가 깨지고 흐트러진다. 가능한 반듯한 크기의 장식장에 깔끔하게 수납한다.

지나치게 많은 물건에 욕심을 내서 물건을 집 안으로 들이는 일은 없도록 한다. 만약 취미생활이나 수집벽이 있다면 물건을 따로 보관하는 공간을 마련하라. 더불어 집 안에 들여왔지만 너무 크거나 형태가 불규칙해 수납장에 보관하기 어렵고 관리가 까다로운 물건이 있다면 그 값어치를 따지지 마라. 그런 물건들은 집 밖으로 빼내어 보관 창고로 이동시키거나 처분하는 것이 가장 좋다. 너무 작아 굴러다니거나 수납장에 보관하기 어려운 물건들은 결국 집 안을 어지럽히기 마련이므로 치우도록 한다. 또한 지나치게 뾰족하거나 철심처럼 찌르는 느낌을 주는 물건도 치우는 것이 좋다. 사람의 모습이나 짐승의 모습을 하고 있는 물건 또한 이로운 물건이 아니다.

욕심을 내는 순간부터 기는 흐트러진다. 물건이 낡아지면 쇠퇴의 기운이 몰려온다. 따라서 낡은 물건은 바꾸는 것이 좋다. 고서, 고가구 등의 골동품은 소장의 가치가 있는 것이지 풍수적으로 진열이나 전시의 용도는 결코 아니다. 오래된 물건이 무조건 나쁜 것도 아니지만 생동감 있는 기의 영향력을 기대한다면 오래된 것보다는 새로운

오래된 물건

낡은 물건은 쇠퇴의 기운을 몰고 온다. 고서, 고가구 등의 골동품은 소장가치는 있어도 진열이나 전시의 용도로 사용하면 풍수적으로 좋지 않다.

물건이 좋다. 따라서 사용하지 않는 오래된 물건에 욕심을 버리는 것이 현명한 방법이다.

· **숯** 숯은 예로부터 청결, 소독, 그리고 나쁜 기운을 몰아내는 용도로 사용됐으며 지금도 부패를 방지하거나 벌레를 방어하는 데 사용된다. 따라서 수납 공간에는 숯과 같이 마이너스 이온을 발하는 물건을 함께 넣어두면 좋다. 공간에 청정한 공기가 감돌면 좋은 운을 끌어들일 수 있다.

신발장 수납

현관은 모든 기의 출입구로 항상 깨끗해야 한다. 현관에 여러 켤레의 신발을 늘어놓는 것은 좋지 않은 기운을 불러들이는 것이다. 따라서 현관의 신발 정리는 매우 중요한데, 오픈형 신발장보다는 가능한 문이 달려 있는 신발장을 사용한다.

신발의 수납

현관은 모든 기의 출입구로서 늘 청결하게 관리해야 한다. 신발은 습관적으로 신발장에 넣도록 하고 신지 않는 신발은 처분한다.

신발은 신발장에 넣는 습관을 들이도록 하고 신지 않는 신발은 되도록 처분하는 게 좋다. 무거운 신발과 색상이 탁한 신발은 신발장 아래, 가볍고 밝은 색상의 신발은 신발장 위 칸에 수납한다. 자주 신는 슬리퍼와 같은 신발은 앞쪽에 수납하고 무겁고 자주 신지 않는 신발은 안쪽에 수납한다. 신발을 수납하면 바로 문을 닫는다. 신발장은 약간 낮게 설치하고, 그 위에 꽃이나 키 작은 화분을 놓아두면 맑은 기를 받을 수 있다.

정리와 청소

지저분한 곳에서는 지저분한 기가 피어오르고 맑고 깨끗한 곳에서는 청결한 기가 피어오른다. 청소를 하지 않거나 먼지가 쌓이면 건강을 해치는 기가 피어오른다. 반면 정리하고 물청소를 해서 먼지를 걷어내어 집 안이 깨끗해지면 심신을 안정시키는 기가 피어오른다.

청소는 좋은 기를 불러들이는 행위에 속한다. 예부터 아침에 일어나자마자 문 앞을 깨끗하게 비질한 것은 맑고 좋은 기운이 들어오기를 바랐기 때문이다. 현대의 주택이 과거의 주택과 달리 청결하고 먼지가 덜 피어오르는 구조를 지니고 있다 해도 일주일에 한 번은 반드시 정기적으로 청소를 해야 한다. 물론 부분적인 청소는 매일 하는 것이 원칙이지만 일주일에 한 번은 전체적으로 대청소를 하는 것이 좋다. 그러면 심신이 상쾌해지기도 하지만 묵은 기를 몰아내고 새로운 기를 충전시킬 수 있다.

청소를 하여 유입된 맑은 기는 피곤을 몰아내며 심신을 건강하게 유지시키는 데 도움을 준다. 또 일반적인 개념의 가정운을 포함하는 전체운을 좋게 만든다. 가정운은 생활하며 필요한 금전운 외에도 가정의 화목을 포함하는 인간적인 기류를 말한다.

청소하고 난 후에 상쾌함을 느끼거나 그에 따르는 생활 속 여러 가지 변화를 느끼게 되면 누군가 지시하지 않아도 자연히 청소하는 습관을 갖게 될 것이다. 청소는 건강과 상쾌함, 가정의 온화함과 좋은 기를 불러오는 가장 자연스러운 방법이다.

8장

좋은 운을 부르는 풍수 인테리어

풍수

건강운

양택이라는 말은 넓은 범위에서 다양한 모든 건물을 의미하지만, 주택이란 일반적으로 사람이 먹고 마시고 잠을 자는 가정을 의미한다. 건강하고 싶다면 운기가 좋아야 하며 기가 막히지 않고 통해야 한다. 무엇보다 가정의 심장이라고 할 수 있는 거실의 기가 잘 통해야 운기가 되고 가족 모두 건강하게 된다.

거실은 현관에서부터 기가 잘 전달되어야 한다. 여기서 '기가 잘 전달된다'는 의미는 뻥 뚫려 있어야 한다는 의미가 아니다. 오히려 현관과 거실이 일자로 뚫려 있다면 지나치게 차갑고 강한 바람이 직선으로 파고들어 건강이 나빠질 수 있다. 따라서 전실과 같은 공간을 따로 마련하거나 중간에 문을 뚫어 직풍을 막는다.

가족 모두가 모이고 이야기를 나누는 거실의 풍수지리는 가족의 건강과 직결된다. 특히 거실의 기가 원활하게 움직여야 다른 공간으로 좋은 기를 전달할 수 있다. 따라서 좋은 기가 운기되도록 가구를 배치해야 한다.

거실에는 가능한 가구가 없는 것이 좋다. 가구가 많을수록, 잡다할수록 병이 많고 운기가 나빠진다. 따라서 가구의 수를 최대한 줄이는 것이 건강을 지키기 위한 첫 번째 노력이 된다. 가전제품의 수를 줄이고 겉으로 지저분하게 드러난 전깃줄이나 전선과 연결되는 여러 가지 장치를 최대한 보이지 않게 수납한다.

가구의 수와 배치도 중요하지만 색상도 중요하다. 지나치게 무거운 느낌을 주는 색상는 피하고 갈색이나 녹색, 베이지와 같은 따스하고 안정감 있는 컬러를 선택해야 한다. 특히 따스한 색을 지닌 패브릭은 나쁜 기운을 눌러준다고 알려져 있으므로 거실의 인테리어에 적극

가구의 배치 거실은 가구가 적고 단순할수록 기의 회전이 좋다.(사진 제공 : 한글주택)

적으로 활용한다.

건강하길 원한다면 벽지의 색과 무늬도 고려 대상이다. 벽지 색이 지나치게 화려하거나 꽃무늬가 많으면 사람이 밖으로 돌고 심신이 불안정해진다. 따라서 심플하고 세련된 느낌의 무채색 위주의 벽지를 선택하도록 한다.

침실의 인테리어도 건강과 깊은 관련이 있다. 대부분 효율적인 공간 활용을 위해 침대를 벽에 붙인다. 기는 벽으로 몰리는데 인체에 좋지 않은 영향을 주는 악기惡氣 또한 벽이나 구석으로 몰린다. 따라서 침대를 벽에 붙이더라도 10~20cm 정도 간격을 떼어야 건강에 도움이 된다. 가능한 그 공간에 협탁을 두어 거리를 유지한다. 협탁 위에는 밝은 색의 스탠드를 두면 건강에 좋다.

잠자는 방위와 침구의 색만 잘 선택해도 건강에 큰 도움이 된다. 간과 담이 나쁜 사람은 동쪽으로 머리를 두고 자면 건강에 도움이 되고, 간담도 나쁘고 심장에도 무리가 있는 사람이라면 남동쪽으로 머리를 두면 좋다. 아이들이 지나치게 드세거나 설쳐 골치가 아프면 서쪽이나 북쪽으로 머리를 두고 자도록 한다. 기운이 없는 아이나 노인은 동쪽으로 머리를 두고 자면 활력이 생기고, 감기가 잘 걸리는 체질을 지닌 사람은 서쪽에 머리를 두면 좋다. 정력이 약한 어른이나 오줌싸개 아이는 북쪽으로 머리를 두면 상태가 나아진다.

침구의 색상도 건강에 영향을 미친다. 간담이 약하거나 피곤이 지속되면 녹색 계통의 컬러가 도움이 되고, 폐와 대장이 약하면 흰색을 사용한다. 늘 배가 더부룩하고 식욕이 없으며 위가 약하면 노란색이나 황토색 컬러의 침구를 사용한다. 신장과 방광이 나쁘거나 여자의 경우 사산하거나 임신이 잘 안 되면 검정색과 자주색의 침구를 선택한다. 심장이 약하면 붉은색 계열의 침구를 선택한다. 단 꽃 그림이 있는 침구는 금물이다.

간혹 돌침대가 신경통에 도움이 된다는 말이 있다. 하지만 풍수적으로 봤을 때, 돌은 온도가 급격하게 상승하고 하락하기 때문에 사용을 권장하지 않는다. 단, 방바닥을 따뜻하게 하는 것은 좋다. 전기매트의 따뜻한 온도는 도움이 되지만 전기의 흐름과 파장은 건강에 좋지 않다. 그러므로 잠이 들기 전, 전기 매트를 뜨겁게 달구고 잠을 잘 때는 끄도록 한다.

재물운

풍수지리의 적용 목적은 여러 가지가 있겠지만 돈을 벌거나 재물을 모으는 것도 주된 목적 가운데 하나다. 실제로 풍수지리에는 돈이나 재물을 벌어들이는 이법도 있고 돈과 재물을 보전하는 이법도 있다.

가장 먼저 생각할 것은 살고자 하는 지역의 이름이다. 한국의 지형에서 지명은 그 터의 지세와 미래 발전상을 보여준다. 예를 들어 전남 고흥高興을 생각해보자. 고흥이란 높은 곳에서 흥한다는 의미가 있다. 하지만 실제 고흥은 최남단의 땅이고 높은 산도 없다. 이 이름은 오래전에 지어졌으나 의미 없이 긴 세월이 흘렀다. 그러던 것이 고흥에 나로우주센터가 건설되며 비로소 고흥이라는 이름의 의미가 재조명되었다.

또 다른 사례를 살펴보자. 청주신공항은 2000년대 이상을 내다보고 신설한 국제공항으로 비상사태 발생 시 김포공항과 청주공항의 역할을 보조하기 위해 건설되었다. 그런데 이 공항이 자리한 청원군 북일면의 마을 이름이 마침 비상리飛上里와 비하리飛下里다. 비행기가 착륙하는 방향이 비하리이고 비행기가 이륙하는 방향이 비상리인데 놀라운 사실은 이 지명이 공항이 건설되기 훨씬 전에 지어졌다는 점이다. 우리 선조들이 이미 오래전부터 미래를 내다보고 이름을 지은 것이다.

이처럼 우주센터와 신공항 건설로 두 지역은 발전을 거듭하게 되었고 다가올 미래에도 더 많은 발전을 기대할 수 있게 되었다. 마을 이름이 곧 미래 현상이 된 위 두 지역의 사례에서도 알 수 있듯이 땅의 이름을 잘 파악하는 것이 재물을 얻거나 돈을 버는 첫 번째이다.

다음으로 부자가 되거나 돈 버는 집을 지으려면 물의 흐름을 살펴야 한다. 풍수지리에서 산과 땅은 움직이지 않으니 '음'으로, 바람과 물은 변화가 드러나니 '양'으로 구분한다. 보통 수水는 양기의 절정으로 풀이한다. 산은 인간의 심성에 영향을 미치니 예부터 산세가 수려하면 귀인이 나고, 물은 재물을 불러들이는 기운이니 물이 좋으면 부자가 난다고 했다. 그러나 마을에 부자가 나려면 산보다 물이 더욱 영향을 미치니 재물이 많고 적음은 마을을 감싸고 흐르는 물이 좌우한다고 보았다. 따라서 마을을 감싸는 물이 있고, 그 물이 사행천으로 좌우로 비틀듯 산태극수태극(山太極水太極 : 물이 산줄기를 감싸며 돌아 태극모양을 나타내는 것)을 이루며 천천히 흐르거나, 고여서 댐처럼 막혀 있으면 반드시 거부巨富가 난다고 하였다.

현대사회의 도시에서는 물을 보기 힘든 경우가 많다. 도시는 물길을 가리고 때로는 길 속으로 감춰버리기도 한다. 때문에 도시 풍수에서는 차량이 지나가는 도로를 물길로 해석한다. 비가 올 때 물이 도로를 따라 흐르는 것만 보아도 일리 있는 해석이다. 또 과거 많은 물산이 배에 실려 강을 따라 이동하였던 것처럼 현대의 도로는 수많은 트럭이 도로를 따라 재화를 실어 나르니, 물의 속성을 지닌 재물의 이동으로 해석하는 것도 가능하다.

앞에서도 언급했듯이 예부터 물가에서 부자가 난다고 하였다. 물이 뒤를 돌아보듯 느리게 흐르고 여러 줄기의 물이 모여 취면수(聚面水 : 혈 주변의 모든 물이 혈 앞 명당에 모이는 것)를 이루어야 길하다. 현대사회의 도로도 마찬가지다. 도로가 모이고 합쳐져야 길하고 고속도로가 되어 차가 내달리면 물이 고이지 않으니 재물이 약하고 차가 느리게 움직이는 곳에서는 재물이 모인다. 물이 빠르면 재물도 멈추지 않는다.

이처럼 풍수지리는 일찍이 이 땅에 살던 사람들 사이에 전설이나 기록으로 전해 내려왔던 부富를 실현하는 방법을 다듬은 경험철학이자 생활과학이었다. 신라 말부터 급격하게 발전하였으니, 그 축적된 경험도 실로 오래되었다.

일반적으로 주택의 서쪽에 큰 길이 있으면 길하다. 만일 큰돈을 벌고자 한다면 서쪽 공간을 잘 사용해야 한다. 서쪽은 서사택 공간으로 재물의 운기가 흐르는 곳이다. 건물을 대지의 서쪽에 몰아서 짓고

도시의 도로 도시에서 도로는 교통의 편리성에 주목하지만 풍수적으로는 물과 같다. 큰 도로는 재물의 흐름을 의미하고 배산임수에서 물의 역할을 한다. 도로가 직선으로 달려들거나 찌르듯 다가오면 좋지 않다.

동쪽은 가급적 넓게 비워서 뜰로 사용하는 것이 재물을 모으는 방법이다. 도로가 서쪽에 있는 땅이라면 건물을 서향으로 짓지 말고 도로를 등지고 동향으로 지어야 풍수에 맞는 구조가 된다.

건물을 구성함에 가장 중요한 것은 배산임수의 법칙이다. 산을 등지고 집을 짓는 이치는 가장 기초적이지만 반드시 지켜야 할 풍수의 법칙이다. 만약 서쪽의 터가 넓음에도 태양의 방향만을 따져 배산임수를 무시하고 산을 바라보며 동향으로 건물을 지으면 이것은 큰 산을 올려다보는 격이 된다. 결국 수진水盡을 친 집이 되어 재물복은 고사하고 병이 많아지고 나가는 돈이 많아지니 오히려 재물운이 약화된다.

직업운과 사업운

직업은 삶의 방편이며 방식이다. 공식적으로나 철학적으로는 직업을 여러 가지로 분류하지만 풍수적으로는 먹고 사는 근본 문제를 논한다. 직업은 사람 개개인의 취향이나 성실도, 혹은 그 생각에 따라 달라지는데 오행의 성정에 따른다. 동양학에서는 이 같은 성정을 분류할 때 명리학에 바탕을 둔다. 즉 사주로 그 사람에게 가장 많은 성분과 꼭 필요한 성분을 살펴 직업의 유불리有不利를 따진다. 따라서 풍수지리와 명리는 공존하는 개념이다.

사업을 시작하면 어떤 사업을 하는가의 문제도 중요하지만 어디서 하고, 어떤 형태의 건물에서 하는가도 중요하다. 근본적으로 사업장의 문과 방향, 사업장이 있는 건물의 높낮이, 좌향, 주변 건물의 높이와 배치 방향, 도로의 방향과 위치 및 흐름을 세밀하고도 정확하게 살펴야 한다.

이처럼 사업에 영향을 미치는 것은 사업장뿐만 아니라 음택은 물론이고 사업장 이외의 건물도 영향을 미친다. 특히 주택은 가장 많은 영향을 미치는 양택이다. 주택에서도 내부의 배치와 구성은 물론이고 외부의 환경적 요인과 주변 건물의 배치에 따라 직업운이나 사업운을 극대화할 수 있다. 따라서 주택 내·외부 전체를 살펴 운을 상승시킬 수 있는 인테리어를 적용한다.

사업에 영향을 미치는 공간은 다양하다. 재물운을 따지는 곳은 침실이고, 의사결정에 영향을 미치는 공간은 서재다. 연구와 기획은 동쪽으로 면한 공간이 될 것이다. 그러나 처음부터 계획을 세워 설계하지 않으면 원하는 목적의 가상을 가지기 어려우므로 이미 지어진 건물에서는 목적을 추구하기 어렵다. 만일 개인주택이거나 처음부터 목적을 수립하고 공간 분할과 배열을 하여 건축을 한다면 목적에 부합하는 주택을 지을 수 있다.

주택의 시작은 문이다. 문이 어느 방향으로 향해 있는지 따져보아야 하는데, 이는 동사택과 서사택의 범위에 드는가의 문제로 따진다.

서사택의 주택형은 서, 남서, 북서, 동북쪽이 포함되는 공간 배치이다. 이 공간 속에 문주조가 모두 들어 있어야 배합사택이며 사업운을 기대할 수 있다. 동사택은 명예를 추구하는 목적이 있는 주택으로 사업자에게 명예는 훌륭한 경영의 기회다. 따라서 동사택으로 지어진 집이라 하여 경영에 도움이 되지 않는 것은 아니다.

조명은 어둠을 밝히는 용도 이외에도 많은 역할을 한다. 직업운

건물의 형상 건물은 사업의 흥망에 강한 영향을 미친다. 지나치게 높은 건물, 홀로 선 건물, 높은 건물 사이에 끼인 작은 건물, 비비 꼬인 건물, 휘어진 건물, 구멍이 뻥 뚫린 건물 등은 사업장으로 좋지 않다.

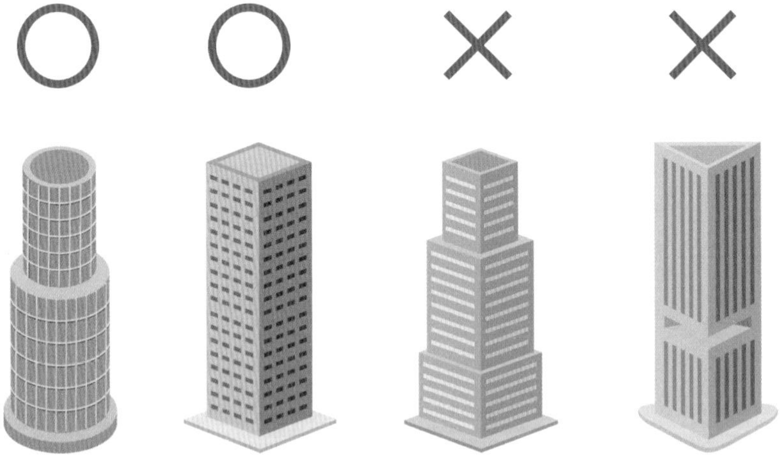

좋은 건물과 나쁜 건물 올곧은 건축물은 단순하고 방정하며 진취적이어야 한다. 상부가 위축되고 굴곡이 심한 건물은 사업에도 악영향을 미친다.

을 상승시키고 싶으면 침실이나 서재의 북서쪽에 작은 사각형 스탠드를 두는 것이 좋다. 생활의 활력이 떨어지고 우울증 증세가 있거나 할 일이 없어 삶이 무미건조하다면 동쪽 방향에 녹색 계열이나 청색의 플로어 스탠드를 둔다. 등을 대신해 화분이나 그림을 놓아도 된다. 일에 어려움이 있거나 문제 해결이 절실해서 친구나 주변 동료들의 판단이나 도움이 필요하다면 남쪽 창문 옆에 두 개의 스탠드를 나란히 놓으면 좋은 효과를 본다. 이는 자신의 방이나 연구실, 혹은 사무실에도 적용할 수 있다.

서쪽은 금金의 방향이라는 특징답게 서쪽 창문 양옆에 스탠드를 두면 금전운이 좋아지지만 이 방향의 방을 사용하는 것 자체로 돈이 많이 흘러나갈 수 있으니 참고해야 한다. 서쪽 방의 경우 북쪽 창문 옆에 스탠드를 두면 스스로의 노력으로 사업에 성공할 수 있다고 한다. 근본적으로 재물이 들어오고 나가는 것이 빈번한 방향이라는 점을 상기해야 한다.

· **사무실 자리의 배치** 사람들이 머물고 움직이며 업무를 보는 공간인 회사는 양택으로 주택과는 다르다. 회사는 항상 바삐 움직여야 하고 이익을 창출해야 한다. 명령체계가 유지되어야 하고 업무의 분장이 이루어져야 한다.

사무실에서 대표의 자리는 기가 가장 강한 곳이어야 한다.

가능한 안쪽 자리가 좋으며 공간의 여유가 있다면 공간을 분리하거나 칸막이를 설치한다. 되도록 벽을 등지고 앉으며 창과 문을 볼 수 있는 위치에 자리 잡도록 한다. 동서사택법에 맞추어 서사택이라면 건방에 자리 잡는 것이 좋다. 노출된 공간 형태라면 대표를 정면으로 바라보는 좌석 배치가 있어서는 안 된다. 즉 대표는 한눈에 직원들을 바라보는 것이 옳지만 직원들은 대표를 바라보는 형태를 취해서는 안 된다. 아울러 보통 대표의 자리에는 난이 많은데, 난의 잎은 칼날의 형태를 닮아 좋지 않으므로 놓지 않는 것이 좋다. 대신 키 작은 화분을 놓아두는 것이 좋다.

서쪽에는 영업부의 자리를 배치하는 게 좋으며 남서쪽은 자금 담당 혹은 경리 담당 이사의 자리로서 좋다. 동쪽은 연구자나 연구기관, 혹은 총무부서의 자리로 좋다. 자리 배치에 따라 업무 성과가 나타나는데 어떤 경우라도 지하 공간에 배치한 부서에서는 좋은 업무 성과를 이끌어내기 어렵다.

대표의 자리

사무실에서 대표의 자리는 가장 기가 강한 곳이어야 한다. 일반적으로 안쪽이 좋지만 동서사택법에 따라 문과 더불어 같은 범위의 사택에 드는 것이 좋다. 가능한 창과 문을 볼 수 있는 위치에 정한다.

자리 배치 업무 시설에는 방향에 따라 고유의 자리를 배치한다.

공부운

공부운을 높이려면 잠자리와 책상의 위치가 중요하다. 일단 방문에서 침대가 보이는 것은 좋지 않다. 족열두한의 법칙에 따라 침대 머리는 창가로 둔다. 출입구에서 먼 방향의 창가에 머리를 두는데 반드시 커튼을 내려 감기가 들지 않도록 한다. 공부하는 학생의 침실에는 파란색과 분홍색, 녹색의 아이템을 배치하여 좋은 운을 불러들이도록 한다.

침대와 책상 등 시험을 앞둔 수험생이 사용하는 방의 모든 물건은 진한 회색이나, 청색, 흰색으로 바꿔줘야 학생의 스트레스가 줄어들고 학습효과가 증대된다. 또 책상 양옆이나 방의 구석에 키 작은 관엽식물이나 흰색 꽃을 장식하면 스트레스 감소 효과를 볼 수 있다.

여름처럼 지치고 힘이 들거나 성적이 잘 나오지 않아 의욕과 기력을 상실한 상태라면 흰색이나 노란색 계열의 벽지를 바르고 침구를 황토색 계열로 바꿔주며 커튼도 흰색과 황토색으로 장식한다. 황토색 계열은 노란색, 미색, 배이지색을 모두 포함한다.

학습자가 머무는 방의 출입문 왼쪽에는 키가 비교적 낮은 책상을 배치하고 주백색 계열의 조명등이나 작은 장식용 액자, 싱싱한 화분 등을 놓아두면 좋다. 액자에 풍경이나 존경하는 사람의 얼굴을 넣어두면 활기가 생기고 자긍심이 생겨나 공부하고자 하는 마음이 생긴다. 날카로운 조형물이나 추상화는 학습에 매우 안 좋은 영향을 미치므로 피한다.

· **금의 법칙** 세상 만물은 모두 제각각의 성질이 있고 기를 가지고 있다. 금金의 기운은 가장 강한 기의 집합체이다. 금의 성분은 확실성을 보장하고 어떤 현상이든 효율을 높이는 속성이 있다. 따라서 공부하는 학생의 책상 위나 창가에 금속으로 된 작은 풍경을 매달아두면 능력이 오르고 확실성이 높아지는 효과가 있다.

보관하거나 걸어두고 싶은 그림을 금속 테두리 액자에 넣어두어

풍경

책상 위에 작은 종이나 풍경을 매달면 효율성과 확실성이 높아진다. 그림도 금속 테두리 액자에 넣어 걸어두면 운이 상승한다.

도 기운이 상승한다. 만약 금속 재질의 가구가 없다면 반짝이는 금속 재질의 필기도구를 사용하는 것도 도움이 된다. 단 지나치게 강한 기운은 해가 되므로 큰 가구는 금속제를 사용하지 않도록 한다. 아울러 오행에서 금의 속성은 흰색이므로 인테리어 시 메인컬러나, 스탠드 불빛으로 사용하면 좋다.

· **화분의 법칙** 식물을 방 안이나 거실에 두면 환경을 풍요롭게 하고 뇌의 발달을 촉진하며, 공기를 정화하고 전파를 차단한다. 특히 화분의 흙은 안정의 기운과 땅의 기운으로 작용하여 학습자의 성적 향상에 지대한 공헌을 한다. 녹색 식물이라면 대부분 도움이 되는데 가능한 관엽식물이 좋다. 그러나 지나치게 뾰족한 잎이 달린 식물, 잎이

식물의 배치 식물은 정서 함양과 학습에 도움을 주지만 타고 오르는 식물과 허공에 매달리는 식물은 도움이 되지 않는다. 아름답다고 반드시 풍수적으로 좋은 것은 아니다.

침과 같은 침엽수, 꼬여 자라나는 나무, 잎이 긴 식물, 벽을 타고 자라는 화초, 뿌리가 드러난 화초, 거주자보다 키가 큰 화분이라면 오히려 역효과가 난다.

· **빛의 법칙** 조명은 어둠을 헤쳐나가도록 도와주는 요소며, 햇빛이 닿지 않는 공간이나 부분을 밝게 비춰 나쁜 기를 몰아낸다. 따라서 조명을 잘 활용하는 것으로 나쁜 기를 밖으로 몰아낼 수 있다.

공부하는 책상에는 스탠드를 배치해 학습효과와 집중력을 높인다. 등의 색은 냉철함을 주는 백색의 등이나 주광색이 좋다.

조명을 설치한 가구의 모양도 많은 영향을 미친다. 철재는 우선 피하는 것이 좋고 지나치게 날카로운 디자인도 피한다.

햇빛은 양의 기운이라 하지만 직접 내리쪼이는 것은 공부에 도움이 되지 않는다. 동쪽 책상이 좋기는 하지만 직사광선은 살기를 지니고 있으니 가급적 피하고 적당히 빛을 가려줘야 한다. 빛은 늘 뒤에 있어야 하고 스탠드는 책상 위에 있어야 좋다.

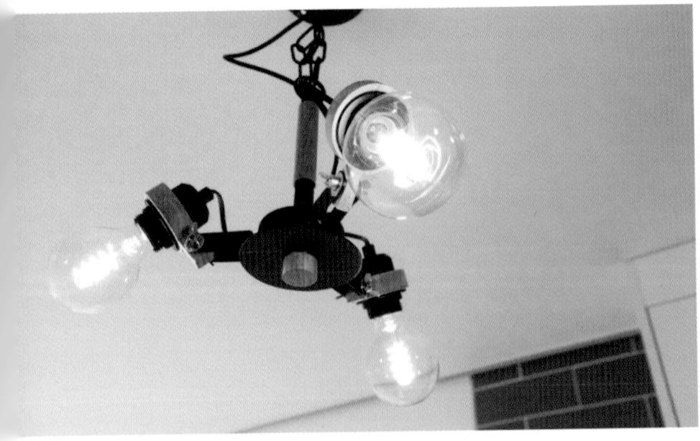

빛의 법칙

조명의 선택은 매우 신중해야 한다. 조명 색에 따라 영향이 달라지기 때문이다. 온화함이 필요한 공간은 주백색을 사용하고 분석과 학습이 이루어지는 공간은 주광색을 사용한다.(사진 제공 : 한글주택)

일조량이 지나치게 길면 밖으로 나가고자 하는 마음이 생기고 눈에 안 좋은 영향을 미친다. 특히 서쪽을 바라보는 배치는 저무는 햇살에 수심이 들고 생각이 많아지며 집중력을 흐트러트린다. 햇빛은 성장의 기운을 주는 반면 지나치면 침착과 집중력을 떨어지게 하므로 적절한 일조량이 필요하다.

· **벽의 법칙** 대부분의 사람은 책상의 앞면이 벽과 닿아 있으면 안정감이 생긴다고 생각한다. 그러나 일반적으로 사무실에서는 의자가 벽을 등지고 있는 배치가 가장 이상적이다. 그렇다면 과연 무엇이 맞는 배치일까? 가정의 공부방 책상 배치에서 벽을 보고 앉도록 하는 것은 잘못된 것이다. 의자는 벽에 등을 기대는 것이 가장 안락하고 안정적이며, 학습효과 또한 높일 수 있다.

일반적으로 책상에 앉으면 창이 보이지 않아야 한다고 한다. 창밖의 시선에 이끌려서 집중이 안 되기 때문이라는 것이다. 그러나 가장 이상적인 자리는 앉았을 때 창과 출입구가 모두 비끼듯 사선으로 보여야 한다. 이는 대단히 안정적이며 부담감을 덜어준다. 물론 창이 가까이서 훤히 보이면 시선을 빼앗기지만 의자에 앉았을 때 창과 문이 원거리에서 보이는 느낌이라면 매우 좋다. 만약 방문을 열었을 때 창밖이 바로 보이는 구조라면 창을 등지고 책상을 배치한다. 또한 에너지의 흐름을 생각해 책상과 의자는 방문과 창의 중간 부분에 배치하는 것이 좋다.

· **색의 법칙** 공부를 위한 공간은 일반적으로 푸른색 또는 파란색 계

열을 사용하는 것이 안정감을 주고 학습효과를 높인다. 그러나 너무 짙은 색은 차가운 느낌을 주거나 시선을 빼앗기므로 피하는 것이 좋다. 지나친 단색도 피한다.

빨간색은 화火의 기운이며 창조적인 활동의 색이다. 또 의지와 건강, 혁신을 의미하고 지원한다. 따라서 수험생의 방이나 공부방에 빨간색 장식으로 포인트를 줘 강한 기운을 첨가한다. 발표가 서툴고 진지함이 부족할 때는 가구나 벽지에 빨간색으로 포인트를 주면 좋다. 단 방 전체를 빨간색으로 꾸미는 것은 안 하는 것만 못하다. 너무 심한 빨간색은 도리어 집중력을 떨어뜨리고 흥분의 효과가 있어 좋지 않다.

· **음양의 법칙** 세상에는 상대적인 것이 있다. 풍수를 비롯한 동양학에서는 이를 음양의 법칙이라 한다. 밝음과 어두움, 진한 것과 흐린 것, 남과 여 같은 대비는 음양의 상관관계를 보여준다. 음양은 상대적이며 상호 보완적이다. 눈을 뜨고 있다면 눈을 감고 있는 시간도 필요하다. 일한 만큼 쉬는 것도 중요한 것처럼 열심히 공부하면 마음 푹 놓고 자는 것도 중요하다.

학습의 과정에서도 수면 부족은 공부에 상당한 악영향을 미치고 시험에는 치명적이다. 따라서 적어도 자정 전에는 잠자리에 들도록 하는 습관을 들인다.

· **곡선의 법칙** "밥상 모서리에 앉으면 미움 받는다"라는 말이 있다. 이 말인즉 모든 물체에는 기가 있는데 모서리는 날카로운 기가 흘러 사람에게 좋지 않은 영향을 준다는 의미다. 모서리처럼 각이 지거나

색의 법칙

빨간색은 창조적이며 활동적인 기운을 만들어낸다. 그러나 지나치게 짙은 빨간색은 흥분을 유도하고 집중력을 떨어뜨린다.

날카로운 물체는 살기가 있어서 몸에 해롭고, 몸을 약하게 만든다.

학습의 공간은 물론이고 모든 공간에 모서리가 많거나 뾰족하게 튀어나온 가구가 많다면 거주자에게 좋지 않은 영향을 미친다. 예를 들어, 책상 앞의 벽에 선반이 돌출되어 있는데 모서리가 책상으로 향하면 좋지 않다. 만약 날카로운 물건이나 삼각형 공간, 예리한 가구가 많으면 두통이 생기고 궁극적으로 수술을 하는 병이나 사고가 날 수 있다. 따라서 가구는 부드러운 곡선 형태가 좋고 공간도 되도록 원형에 가깝거나 사각형이 좋다.

· **물의 법칙** 풍수지리에서 가장 우선되는 법칙은 배산임수의 법칙이다. 의자 뒤에 벽이 있는 배치가 가장 안정적인 이유도 바로 배산임수의 법칙 때문이다. 벽에 산과 관련된 그림이나 사진을 거는 것은 학습자에게 안정감을 준다. 간혹 등 뒤에 강이나 바다처럼 물의 기운이 넘치는 그림을 붙이면 좋다고 하는데 이는 배산임수의 법칙을 무시한 것이다.

반대로 물과 관련된 그림이나 사진은 정면에 배치하는 것이 좋다.

애정운

멋진 연애, 멋진 결혼, 멋진 사랑을 하고 싶다면 방의 위치나 인테리어에 각별히 신경 써야 한다.

이 또한 남자와 여자의 경우가 각각 다르다. 만일 결혼 적령기에 다다른 남자라면 현재 자신의 방 위치부터 살펴야 한다. 집의 중앙에서 보아 동쪽이야말로 나이가 찬 남자가 사용해야 하는 방이며 결혼의 운이 있는 방이다. 흔히 풍수지리에서는 묘방卯方, 갑묘을방甲卯乙方, 진방震方이라고 부르는데 정확하게 동쪽 방향에 위치해야 결혼운이 상승한다.

여자의 경우는 남동방향이다. 집의 중앙에서 살펴보면 남동방향은 약간 남쪽에 치우쳐 있다. 풍수지리에서는 진방辰方, 손방巽方, 사방巳方이라고 부른다. 또 남동쪽은 장녀의 방향이라 칭하는데, 이는 혼인할 나이에 다다른 여자가 사는 방이라는 의미이자 과년한 처녀의 방이라는 의미를 가진다.

애정운을 높이고 싶다면 방에 붉은 계열의 벽지를 사용하여 치장한다. 이는 기분을 상승시키고 가슴의 흥분을 유도한다. 꽃이 그려진 벽지나 침구도 좋다. 벽에 모란이나 장미처럼 붉은 색의 꽃 그림이나 사진을 부착하면 연애운이 상승한다. 이성과의 교제운을 높이려면 침실의 동남쪽에 작은 원형 스탠드를 놓는다.

행운을 부르는 조건

· **식물의 배치** 식물은 다량의 산소를 배출해 상쾌한 기분을 만들어주고 뇌를 활성화시키며 눈의 피로를 덜어준다. 또한 딱딱

한 분위기를 부드럽게 만들어주어 사람의 감정을 안정시키며 학습효과도 높여준다.

식물은 공간 어디에나 필요하지만 특히 사람이 많이 모이는 거실이나 베란다에 배치하는 것을 기본으로 삼는다. 현관에 두면 출입하는 사람에게 좋은 영향을 미친다. 그러나 식물이 무조건 많다고 해서 좋은 것은 아니다. 침실의 경우에는 식물을 배치하지 않는 것이 낫다. 식물은 낮에는 산소를 뿜어내지만 밤에는 이산화탄소를 배출하는데, 사람에게 안 좋은 영향을 미치기 때문이다.

· **햇빛의 양** 빛이 들어오지 않는다면 양택으로서의 가치가 거의 없다. 햇빛은 양의 기운이고 양은 사람의 기를 살리는 역할을 하게 된다. 그러나 지나치게 강한 햇살이 집 안에 스며들면 가족들은 자기주장만 하게 되고 타인이나 다른 가족의 의견에 동조하지 않게 된다. 따라서 불만이 싹트고 대립의 감정으로 치달을 수 있으므로 커튼이나

식물

식물은 피로를 덜어주고 뇌를 활성화시켜준다.

블라인드로 빛의 양과 방향을 조절해야 한다.

재물은 어두운 곳에 모이는 속성이 있다. 햇빛이 지나치게 강하면 집안에 재물이 잘 모이지 않게 된다. 특히 돈을 불러들이는 부부침실은 다른 어느 곳보다 어둡게 하는 것이 좋다. 거실의 경우 어둡게만 할 수 없으므로 한낮의 강한 햇빛을 차단하거나 햇빛이 은은하게 스며들 수 있도록 레이스가 달린 부드러운 재질의 커튼이나 미색, 베이지색 계열의 블라인드를 배치한다.

햇빛이 지나치게 밝아도 문제지만 햇빛이 너무 들지 않는 거실도 문제다. 거실에 햇빛이 스며들지 않으면 가족이 크거나 작은 일로 고민하고 알 수 없는 이유로 기분이 우울해진다.

남쪽 방향에 집을 짓거나, 남향 아파트에 살아도 나무가 지나치게 커서 빛을 가리거나 앞집이 지나치게 높아 빛이 들지 않는다면 음택과 마찬가지다. 이런 경우 거실은 물론 다른 공간이라 해도 메인 조명을 크고 밝은 것으로 교체하는 것이 좋다. 즉 주백색 계열의 전등이나 조명을 선택해 거실을 온화하고 밝게 꾸미는 것이 가족 건강은 물론이고 의사전달과 소통이 이루어져 화목하게 살 수 있는 방법이 된다.

· **공기정화를 위한 소금** '빛과 소금'이라는 말이 있는데 풍수적으로 참 잘 맞는 말이다. 빛이 양기를 들이고 자연소독을 하는 것이라면 소금은 정화의 기능이 있다. 과거 우리 조상들이 불안한 일이 있거나 흉한 것을 보고 오는 사람에게 소금을 뿌리는 것은 바로 이 때문이다.

소금은 집 안 곳곳을 정화시키는 역할을 한다. 최근 정신을 맑게

침실의 조명

재물이 모이는 공간은 어두워야 한다. 예부터 우리는 안방 겸 침실을 금고의 개념으로 사용했으므로 침실의 주조명은 조금 어두운 느낌을 줘야 한다.
(사진 제공 : 한글주택)

하고 정화작용을 하는 아로마향 제품이나 식물, 각종 기구들이 유행하고 있지만 그럼에도 가장 좋은 것은 소금이라 할 수 있다.

흔히 '솔트램프'라고 불리는 암염으로 만든 소금램프는 음이온을 방출해 건강에 좋은 효과를 준다. 굳이 소금램프가 아니더라도 먼지가 끼거나 구석지고 빛이 파고들지 못하는 곳곳에 소금을 조금씩 놓아두면 흉하고 기분 나쁜 기운이 솟아오르는 것을 막아주고 억제해준다. 또 욕실에 천연 소금을 놓아두면 음이온이 발생해 상쾌한 기분으로 목욕할 수 있다. 또한 소금은 항균 탈취 효과가 있어 욕실을 청결하게 만든다.

· **깨끗한 현관** 현관은 기의 출입구로 가장 깨끗해야만 한다. 현관이 어지럽혀져 있거나 신발이 불규칙하게 놓여 있다면 건강에 악영향을 줄 뿐만 아니라 가족 간의 의견 대립이 일어난다. 현관을 어지럽히는 것은 집에 들어온 복을 쫓아내는 것이나 같다.

특히 현관에 내다버릴 쓰레기봉지나 재활용품을 쌓아두면 가장이 구설수에 휘말릴 수 있다. 현관에 골프백과 같은 스포츠 용품, 자전거, 크기가 큰 아이 장난감 등을 두는 것은 집안에 좋지 못한 일이 일어날 가능성을 보여주는 것이니 재빨리 치우거나 수납하는 것이 좋다. 현관에 잡다한 물건들이 쌓이면 근본적으로 기가 적체되거나 나쁜 기운으로 변하게 된다.

· **건강을 좌우하는 수도와 가스레인지** 물과 불은 상극의 관계로, 가장 강력한 반대적 개념으로 작용한다. 즉 싱크대와 가스레인지는 가정에서 각각 남자, 여자와 같은 역할을 하며, 대립과 경쟁의 관계로 묘사된다. 따라서 싱크대와 가스레인지가 지나치게 가까이 있는 것은 매우 좋지 않다. 두 개의 물건이 서로 대립하는 기운을 가지고 있어서 집안의 남녀가 대립한다고 보기 때문이다.

한국의 주방에서는 불가피하게 싱크대와 가스레인지의 거리가 가까울 수밖에 없는 경우가 많다. 이러한 경우에는 중재와 중화가 필요하다. 즉 이어주거나 적절하게 차단하는 기운이나 물체가 필요하다는 것이다. 따라서 주방 싱크대와 가스레인지 사이에 관엽식물 같은 생화를 배치하거나 과일이나 나무 그림, 녹색 컬러의 각종 기구나 가구, 소품 등을 배치한다. 이렇게 함으로써 수생목水生木, 목생화木生

火의 원리를 살려 조화를 이루도록 하는 것이 소통이며 통관通官이라 한다.

· **집 안의 기를 좌우하는 주변 환경** 풍수지리에서는 실내와 마찬가지로 실외도 매우 중요하다. 예를 들어 실외가 지저분해 사시사철 냄새가 피어오른다면 주택이든 업무 시설이든 골이 아파 아무것도 할 수 없을 것이다. 이는 주변 환경이 내부의 기를 바꾸는 대표적인 경우라 할 수 있다. 집 안이 아무리 정갈하고 인테리어가 잘 되어 있어도 외부의 영향을 받는다는 것이다.

집을 선택할 때 가장 먼저 살펴야 할 것은 주변의 집들이다. 만일 이웃집의 모서리가 내가 살고자 하는 집의 옆을 찌르는 듯 들어오는 형상이라면 어떤 경우도 상대편과 좋은 감정을 가지기 어렵다. 때로는 이유 없이 심하게 다치거나 최악의 경우 죽기도 하는데 이를 충살衝殺이라고 한다.

집을 지으려는 곳에 도로가 정면으로 다가온다면 도로가 비껴가는 방향에 집을 지어야 한다. 또한 도로가 높다면 흙을 메워 도로보다 높은 곳에 집을 지어야 한다. 설계 시 앞집과의 거리가 너무 가깝다면 약간 간격을 벌려 마당이나 거실 안으로 빛이 들어올 수 있도록 해야 한다. 또 이웃집 나무라 해도 만일 담을 넘어 내 집 지붕을 덮었다면 잘라버려야 한다.

마당은 가능한 빛이 많이 들어오도록 키 큰 나무를 많이 기르지 않도록 하고, 뾰족한 바위나 큰 바위를 놓지 말아야 한다. 석상이나 탑, 혹은 마리아상과 같은 조형물을 배치하지 않는다.

담은 견고하게 쌓아야 하며, 담이 아니라면 펜스 형식으로라도 설치해 바람이 통하게 해야 한다. 이웃집과 대문이 마주하지 말아야 하고 대문은 낮은 쪽을 바라보아야 한다.

9장

위기를 극복하는 컬러 풍수 인테리어

풍수

사람마다 고유의 기운이 있다. 즉 사람이 살아가며 반드시 필요한 기운이 있다는 의미다. 사람들은 풍수와 명리가 분리된 것으로 생각하지만 이 둘은 분리된 것이 아니다. 예부터 선현들은 풍수와 명리가 결합된 방식을 이용해 사람이 살아가며 부족한 기를 그림이나 색으로 보충하였다.

컬러

컬러를 이용하여 부족한 것을 보충한다. 벽지의 색이나 그림, 혹은 사진이 비보풍수의 재료가 된다. 방향에 따라 색과 그림을 달리하여 배치한다. 또한 사주에 맞는 색으로 비보한다.

명리에서는 용신用神이라는 용어를 사용한다. 이 용신은 그 사람이 일생동안 사용해야 하는 기운으로 각기 오행을 적용하여 목화토금수라 한다. 이 오행의 색을 용신에 적용하여 자신에게 맞는 색상을 사용한다.

즉 목木의 용신을 사용해야 하는 사람은 초록색을 사용하고, 화火의 용신을 사용하는 사람은 붉은색을, 토土의 용신을 사용해야 하는 사람은 노란색이나 황토색을 주로 사용한다. 또 금金의 용신을 사용해야 하는 사람은 흰색을, 수水의 용신을 사용해야 하는 사람은 검은색 계열을 사용한다.

용신은 사주팔자를 다루는 명리학의 기법을 통해 분석한다. 자신에게 필요한 용신이 정해지면 그에 따르는 색상을 주로 사용한다. 방을 꾸미기 위해 벽지나 그림을 선택할 때, 옷을 입을 때, 물건을 구입할 때도 해당 색상을 선택하면 좋다. 이 오행의 색상은 늘 작용하여 좋은 파장과 에너지를 뿜어주므로 건강과 운에도 영향을 미친다.

나무의 색, 목木

· **의미** 목木은 남자, 즉 수컷雄을 의미한다. 예부터 목의 기운이라는 것은 천지개벽을 의미하는 갑甲이 되기도 하며 불굴의 의지를 의미하는 을乙로 표현되기도 했다. 한자의 형상을 살펴보면 큰 대大는 사람 인人에 하나를 의미하는 글자인 일一이 합성되어 큰 대大가 되었다.

일반적으로 남자雄는 여자雌보다 크기 때문에 대大로 표현하고 여자는 남자보다 작기 때문에 소小로 표현한다. 나무 목木은 이렇게 큰 대大의 가운데에 남성의 성기를 의미하는 뚫을 곤丨을 더하여 남자雄라는 의미를 확실하게 나타내고 있는 것이다.

목의 기운은 씨앗을 나타내기도 한다. 한자의 근본 본本은 씨앗을 나타내는데 이는 다음 세대를 잇는 생명을 잉태할 수 있는 씨앗, 즉 정자로 해석되기도 한다. 본本은 목木에 십十을 합한 것인데, 십十은 남성의 성기 모양이기도 하다. 또한 본本은 큰 대大와 열 십十을 더하여 성장한 남자가 자식을 낳을 수 있게 된 상태를 뜻하기도 한다.

· **활용** 목을 의미하는 녹색은 생명력이 충일한 에너지를 뿜어낸다. 따라서 에너지가 필요한 분야에서 다양하게 사용할 수 있다. 벽지, 사진이나 그림, 바닥재의 색, 그리고 지붕의 색으로도 사용할 수 있다.

특히 어린아이의 방에 녹색 계통의 그림을 걸어주면 에너지가 상승하여 좋으며, 혹은 어른의 방이라 해도 무기력한 사람이나 환자의 방에 좋은 색상이다.

목의 색 에너지가 필요한 분야에서 다양하게 사용할 수 있다. 목은 생명의 힘을 의미하므로 무기력한 사람이나 환자의 방에 좋은 색상이다.

목의 에너지가 충만한 사람은 다른 사람의 말에 잘 귀 기울이고 이성적으로 자신을 이해하려고 노력한다.

생각을 많이 해야 하는 사람이 사용하는 서재나 공부방에 녹색 계통의 그림이나 사진, 화분 등을 두면 바라보는 것만으로도 눈의 피로를 풀어주고 생명의 에너지를 북돋아준다.

목의 에너지가 부족한 사람은 뚜렷한 주관이 없는 우유부단한 성격으로 보이며, 과잉 상태일 경우에는 웬만한 상황에서도 쉽게 변심하지 않는 완고한 성격으로 보인다.

불의 색, 화火

· **의미** 화火는 여자, 즉 암컷雌을 의미하는데 목木이 큰 것이라면 화는 작은 것이다. 오행의 법칙에서 남쪽은 화의 방향으로, 중녀의 영역으로 해석하기도 한다. 화의 기운은 탄생과 성장이다. 탄생을 의미하는 병화丙火와 성장을 의미하는 정화丁火가 천간에 배치되는 이유다.

한자는 물상을 보고 만들어진 경우가 많다. 불 화火는 사람 인人에 여자의 젖가슴을 좌측과 우측에 표시한 글자다. 여자를 의미하는 노골적인 글자는 곡谷이다. 합궁하여 아이를 잉태하고 낳을 수 있는 여자를 표시하는 글자다. 목욕沐浴을 살펴보면 목沐은 남자가 물로 몸을 씻는 것을 나타내는 글자이고 욕浴은 여자가 물로 몸을 씻는 것을 나타내는 글자다.

· **활용** 화火는 붉은색을 의미한다. 붉은색은 타오를 듯 강렬한 빨간색뿐 아니라 분홍, 연분홍 등이 모두 포함된다. 가장 능동적이고 매혹적인 사랑의 암시를 주는 색이다. 심리학적으로는 의지가 강한 인간, 쉽게 흥분하거나 성급한 사람의 심정과 통한다. 상징적으로 건장한 남성, 정복자, 지배자의 의무를 상징한다. 붉은색은 화의 에너지를 표출한다. 붉은색은 건강과 에너지를 드러내고 확신과 성취감을 암시한다. 식욕은 물론 성욕까지 불러일으키므로 신혼부부의 침실에 적합한 색이다. 연분홍색이나 은은하게 피어오르는 붉은 빛깔의 침구는 사랑의 심지에 불을 댕겨줄 것이다. 사랑하고 싶은 여성의 방에도 붉은색이 도는 벽지나 침구, 실크 타입의 커튼을 배치하면 역동적인 활기를 가져온다.

화의 색 붉은색은 가장 능동적이고 매혹적인 사랑의 암시를 주는 색이다. 붉은색은 건강과 에너지를 드러내고 확신과 성취감을 암시한다. 의지가 강한 사람, 쉽게 흥분하는 사람이며, 성급한 사람의 심정과 통한다.

화의 기운은 내면적으로 여성적인 성향이지만 표면적으로는 남성적 성향을 드러낸다. 또 나이든 사람보다 젊은 사람, 내성적인 사람보다 외향적인 사람, 기질로는 북쪽 지역 사람보다 남쪽 지역 사람에 가깝다.

화의 에너지가 충분한 사람은 논리정연하게 자신의 의견을 전달할 수 있으며 말과 행동에서도 감정조절을 잘 한다. 그러나 화의 요소가 지나치면 쉽게 흥분하고 자신의 주장만을 밀고 나가 타인의 감정을 상하게 한다. 화의 요소가 부족하면 폭발적으로 변하거나 감정을 감추거나, 내적 고통으로 위장병에 시달리기도 한다. 위축된 사고를 하거나 늘 기운이 없는 사람의 방에는 분홍색이나 붉은색 계열의 벽지와 전등이 활력을 불어넣어줄 것이다.

땅의 색, 토土

· **의미** 토는 생장과 화합和合을 의미하고 감정을 덮어버리는 역할을 한다. 목木과 화火에서 어린 남자와 어린 여자가 성장하여 화합和合을 하는 과정이 토土로 귀결되니 생산의 힘이라 할 수 있다.

토土는 열 십十 아래 땅을 의미하는 일一이 있다. 열 십十은 남자가 정자를 생산할 수 있는 상태이며, 열 십十 아래의 일一은 땅을 나타내고 여자를 의미하니 토는 남녀가 합방하여 생산하는 의미를 지닌다. 즉 토土는 화합和合, 합궁合宮을 의미한다. 또 사계절의 사이사이에 토(축丑, 진辰, 미未, 술戌)가 배치되는데 이는 환절기를 의미하며 앞뒤 계절의 화합을 뜻한다.

· **활용** 생산이 필요한 공간이라면 토를 의미하는 황토색을 사용한다. 노란색, 미색, 베이지색도 같은 용도로 사용한다. 높은 건물의 경우는 지력이 약해지고 병이 생긴다. 이를 방어하고 보충하기 위해 화분을 놓아두거나 황토색 계열의 벽지나 그림을 배치한다.

토의 에너지가 넘쳐야 인간다운 성정이 나타난다. 토의 에너지가 적당한 사람은 따뜻한 마음을 지녀 타인을 생각하며, 편견 없는 공정함을 지닌다. 그러나 토의 요소가 지나치게 많으면 자신의 존재를 부정하거나 자신을 가볍게 희생하려 하며 좌절하고 비관한다. 토의 요소가 부족한 사람은 자기중심적인 경향이 많고 이기적이고 불성실한 성향이 나타난다.

토의 색 토는 황토색의 이미지가 강하다. 생산이 필요한 공간이라면 토를 의미하는 황토색을 사용한다. 노란색, 미색, 베이지색도 같은 용도로 사용한다. 토의 에너지가 넘쳐야 인간다운 성정이 나타난다.

황토색은 재물의 운이다. 이는 생산이라는 토의 의미가 발전한 것이다. 따라서 부부침실을 황토색 침구나 벽지로 치장하면 재물을 불러들이고 자녀 잉태의 운을 가져온다.

쇠의 색, 금金

· **의미** 금金은 쇠붙이이고 강한 예기이며 살기다. 아울러 명리학 십간론十干論에서 보듯 씨앗을 맺는 것을 의미한다. 따라서 다음 해의 새로운 출발을 위한 준비라는 의미를 가진다. 한자의 형상을 분석하면 사람을 의미하는 인人 아래에 생산의 의미를 가진 왕王을 두고 좌우에 정자와 난자를 의미하는 점을 첨가했다. 이처럼 금金은 정자와 난자를 생산할 수 있는 만물의 씨앗을 형상화한 상형문자다.

금의 색 금은 쇠붙이이자 씨앗을 상징하며, 강한 예기와 살기를 띤다. 금은 오행으로 흰색이자 가장 강한 기이며, 예리함과 차분함, 차가움을 의미한다.

· **활용** 금은 흰색을 의미한다. 금은 명쾌함이며 차분함이고 정연함이자 냉정함이다. 숙살지기肅殺之氣라는 말과 통하듯 일도양단의 기백이 있다. 가장 강한 기를 뜻하므로 공부방이나 수술실과 같은 곳에 적당하게 사용한다. 특히 의사결정이 필요한 곳, 냉정함이 요구되는 곳은 흰색이 효과를 발휘한다. 흰색은 창백함의 의미도 있지만 냉정함, 예리한 기의 흐름을 의미하기도 한다.

금의 에너지가 적당한 사람은 자신의 의견을 명확하고 자신 있게 표현할 수 있다. 또 먼저 신중히 생각한 뒤 말과 행동으로 옮긴다. 따라서 어영부영하거나 자신의 의지를 표현하지 못하는 아이의 방에는 흰색의 기운이 필요하다. 금의 기운은 상황을 정확하게 파악하고 처리하는 능력에 도움이 된다. 공부방의 스탠드는 밝은 백색의 등이 가장 효율적이다.

금의 요소가 부족하면 지나치게 위축되고 말수가 적어 의견을 펼치는 데 애를 먹는다. 반대로 금의 요소가 지나치면 독선적인 유형으로 표출된다. 배우자나 자녀의 성격을 고려하여 백색의 등이나 벽지를 선택할 수 있다. 심하게 내성적이거나 소극적인 성격의 사람이라면 과감하게 흰색 침구를 사용할 것을 권한다.

물의 색, 수水

· **의미** 수水는 오행의 마지막이며 흐르는 성정을 지닌다. 수는 바닷물과 강물, 혹은 이슬이나 얼음과 같은 형태로 변할 수 있다. 유유자적하고 고요하며 넓고도 깊다. 물은 지혜를 의미하고 깨우침을 나타낸다. 유유자적 높은 곳에서 낮은 곳으로 흐르니 순리를 찾고, 막히면 돌아서 가며, 순행이라 한다. 세력을 이루면 도도히 흐르고 어느 곳에 다다르면 그곳의 모습이나 지형에 자신을 맞추니 자신을 낮춘다고 할 수 있다.

생명수로 이용하고 도도히 흘러가면서 흘러감을 막으면 거대한 물줄기가 되어 둑을 터트리고 바람이 불면 파도가 일어 바다가 산으로 밀려올라 뒤덮어버린다. 겉으로는 얌전하고 누구에게나 순응하지만 한번 화가 나면 천하를 뒤집어버리는 속성이다. 물은 속성이 지혜이고 임기응변이 있으며 잘 섞이고 흡수되니 융화를 잘하고 처세가 능하다. 대인관계가 좋으니 어디에서도 잘 끼어들고 모나지 않게 살아가는 지혜를 가지고 있다.

수의 색 물은 지혜를 의미하고 깨우침을 나타낸다. 수의 요소가 적당하면 사회적 활동도 적극적이지만 조화와 균형을 조절할 줄 아는 사람이다.

· **활용** 인식과 판단 능력을 대표하는 수의 에너지가 적당한 사람은 지혜와 지식이 뛰어난 통찰력 있는 사람으로 활동적이다. 지혜가 필요한 사람의 방에는 수의 오행이 표방하는 검은색 계열의 색상을 사용한다. 검은색에서 회색에 이르기까지 이 계열의

색상은 모두 수의 기운이 작용하므로 상황에 맞게 사용한다.

사색이 필요하거나 의사결정에 시간을 쫓긴다거나 명상, 음악, 혹은 자신을 돌아보는 공간이 필요하다면 검은색으로 꾸민다. 검은색으로 꾸미지 못한다면 흑백사진이나 먹으로 그려진 문인화를 걸어두면 어느 정도 도움이 된다.

수의 요소가 적당한 사람은 사회활동도 적극적이지만 조화와 균형을 조절할 줄 안다. 수의 요소가 지나치게 많다면 모든 기회를 잡으려고 동분서주하므로 뒤돌아볼 줄 모른다. 따라서 이런 사람은 검은색을 멀리하는 게 좋다. 수의 요소가 부족한 경우에는 외부 활동이 적고, 집에 머무르면서 하늘에서 기회가 오기만 기대하니 사교적 능력이 떨어진다. 따라서 위축된 사고를 지니고 있는 사람의 방이나 공간, 자폐증이나 우울증이 있는 사람의 방에 검은 색상을 사용하는 것은 좋지 못하다.

· tip 색에 따른 성정

목(木) 녹색	이성세계(理性世界), 자기(自己), 자아(自我), 자존(自存), 형제(兄弟), 친척(親戚), 친구(親舊), 가문(家門), 주관(主觀), 아집(我執), 인내(忍耐), 의지(意志), 준법(遵法), 평등(平等), 본성(本性), 만물(萬物), 개벽(開闢), 기(氣), 생명(生命), 탄생(誕生), 성격(性格), 측은지심(惻隱之心), 인자(仁慈), 자비(慈悲), 주거(住居), 가옥(家屋), 안정(安靜), 공존(共存), 재약(財弱), 빈곤(貧困), 손재(損財), 극처(剋妻), 극부(剋夫), 정패(情敗), 이혼(離婚), 가패(家敗), 패망(敗亡), 부도(不渡), 불화(不和), 공격(攻擊), 번뇌(煩惱), 파멸(破滅), 파괴(破壞) 등
화(火) 붉은색	현실세계(現實世界), 탄생(誕生), 자녀(子女), 수족(手足), 가정(家庭), 사회(社會), 애정(愛情), 가족(家族), 신경(神經), 피부(皮膚), 음식(飮食), 인기(人氣), 예술(藝術), 욕망(慾望), 의리(義理), 투지(鬪志), 명랑(明朗), 쾌활(快活), 자유(自由), 낭만(浪漫), 사교(社交), 외교(外交), 행복(幸福), 화합(和合), 매력(魅力), 조화(調和), 여자(女子), 대중(大衆), 현실(現實), 향락(享樂), 희생(犧牲), 성욕(性慾), 매력(魅力), 성급(性急), 다혈질(多血質), 감정적(感情的), 천방지축(天方地軸), 경솔(輕率), 전보(轉補), 이동(移動), 변동(變動), 남난(男難), 여난(女難), 관액(官厄), 구설(口舌), 시비(是非), 송사(訟事), 사고(事故), 수술(手術), 정신이상(精神異常) 등
토(土) 황토색	물질세계(物質世界), 처첩(妻妾), 부친(父親), 가정(家庭), 주택(住宅), 재물(財物), 재산(財産), 현실(現實), 토지(土地), 전답(田畓), 물질(物質), 생업(生業), 처덕(妻德), 풍요(豊饒), 이재(理財), 상재(商財), 기지(機智), 성실(誠實), 외교(外交), 생활전선(生活戰線), 노력(勞力), 희망(希望), 수명(壽命), 건강(健康), 저돌적(猪突的), 학난(學難), 탐욕(貪慾), 상쟁(相爭), 남난(男難), 배신(背信), 강도(强盜), 쟁탈(爭奪), 시기(猜忌), 질투(嫉妬), 범법(犯法), 자해(自害), 승패(勝敗), 살인(殺人), 사기(詐欺), 감옥(監獄), 학마(學魔), 불효(不孝) 등

금(金) 흰색	정신세계(精神世界), 부귀공명(富貴功名), 남편(男便), 자식(子息), 결실(結實), 성공(成功), 당선(當選), 합격(合格), 승진(昇進), 영전(榮轉), 관운(官運), 출세(出世), 권력(權力), 권세(權勢), 명예(名譽), 광전(光電), 희열(喜悅), 신망(信望), 지배(支配), 장악(掌握), 용기(勇氣), 승부욕(勝負慾), 자만심(自慢心), 교만(驕慢), 배신(背信), 사욕(私慾), 힐난(詰難), 시기(猜忌), 질투(嫉妬), 험담(險談), 사기(詐欺), 자만(自慢), 살상(殺傷), 관재(官災), 구설(口舌), 시비(是非), 송사(訟事), 좌천(左遷), 퇴직(退職), 질병(疾病), 사망(死亡), 살상(殺傷), 수술(手術), 사별(死別), 이별(離別), 남난(男難), 파산(破産), 부도(不渡), 횡액(橫厄) 등
수(水) 검은색	이상세계(理想世界), 우주공간(宇宙空間), 현묘(玄妙), 무극(無極), 무위(無爲), 흑도(黑道), 태극(太極), 고독(孤獨), 신비(神秘), 영감(靈感), 부모(父母), 윤리(倫理), 도덕(道德), 정도(正道), 학문(學問), 공상(空想), 상상(想像), 신비(神秘), 독단(獨斷), 종교(宗敎), 철학(哲學), 윤회(輪回), 문서(文書), 자격(資格), 덕망(德望), 선배(先輩), 양식(良識), 솔선(率先), 신의(信義), 사색(思索), 고독(孤獨), 탐욕(貪慾), 아집(我執), 독선(獨善), 비밀(秘密), 청빈(淸貧), 재약(財弱), 가정불화(家庭不和), 극부모(剋父母), 극부(剋夫), 극처(剋妻), 빈곤(貧困), 부축(不蓄), 불륜(不倫), 불행(不幸), 음란(淫亂), 처액(妻厄) 등

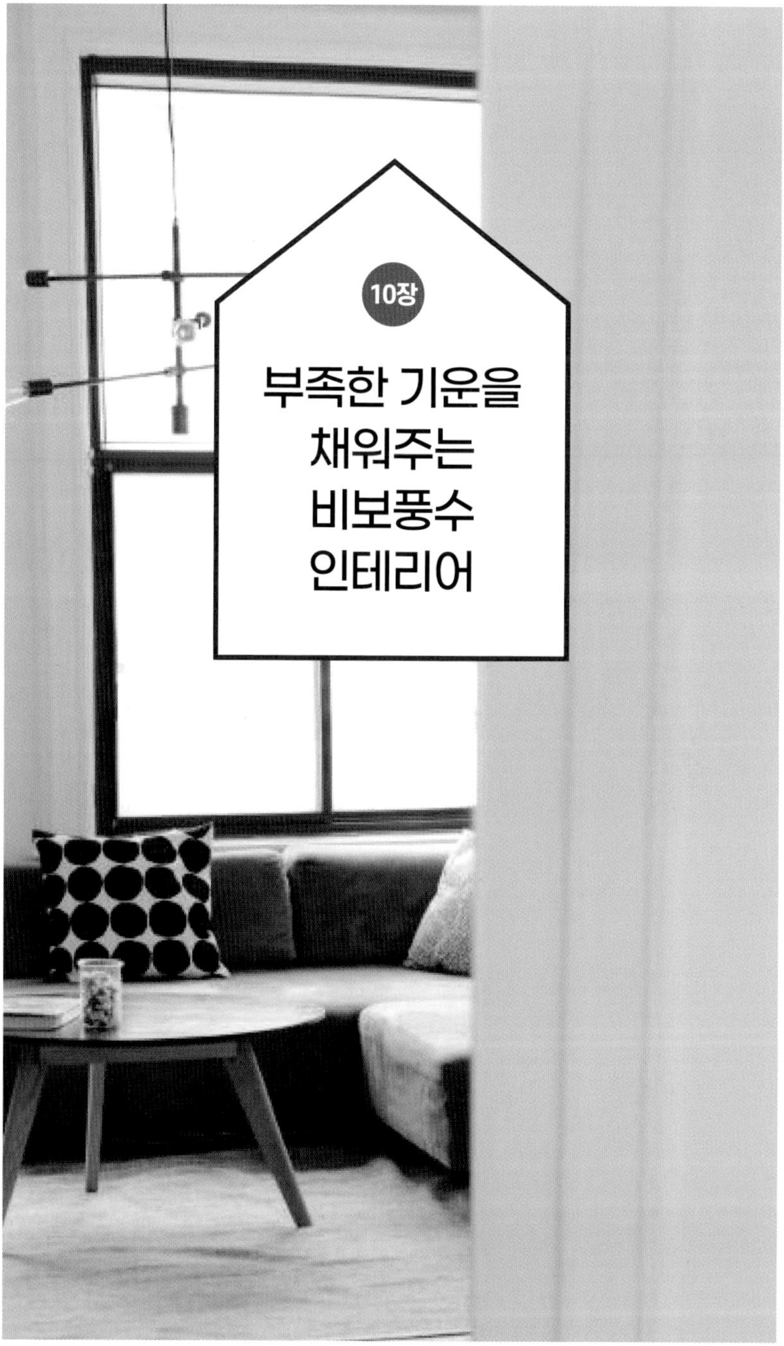

10장

부족한 기운을 채워주는 비보풍수 인테리어

풍수

우리의 풍수에서 가장 눈여겨볼 것은 바로 비보裨補의 법칙이다. 즉 약한 것은 보충하고 넘치는 것은 깎아내는 것이다. 고려시대 때 지세가 약한 곳에 절을 세우고 탑을 세우듯 모자란 것을 보충하는 방법인데 학습의 방법에도 적용 가능하다.

주로 방위와 같은 풍수적 조건이 적당하지 않을 때는 이 방법을 쓴다. 예를 들어, 책상은 동쪽이 좋은데 방의 구조상 어쩔 수 없이 서쪽에 책상을 놓아야 한다면 비보의 방법으로 책상에 빨간색이나 노란색의 물건을 놓는다. 이는 햇빛과 양기를 보충하는 방식 중 하나로, 색으로 기운을 보완하고 보충하는 비법이다.

위기를 극복하는 비보풍수

비보풍수는 우리만의 특수한 풍수법이다. 어떤 일정 지역을 사용하고자 살펴봤는데 지형이나 산세가 풍수적으로 부족하면 사용하는 사람에게 이롭거나 이용 가능하도록 보완하는 술법을 말한다. 달리 말해 비보압승裨補壓勝, 비보염승裨補厭勝이라고도 하는데 각각 분리해서 비보, 염승, 압승이라는 말로 부르기도 한다. 용맥, 장풍득수, 형국 등과 같이 풍수의 전반을 살피고 지세나 지기에 어울리게 다양하게 적용시킨다. 일례로 용맥이 낮거나 약하다면 새로이 흙을 보충하고 쌓아 그 모양을 튼튼하게 만들어 허약하지 않게 한다. 즉 형태를 외양상 튼튼하도록 바꾸거나 보충하는 것이다. 바람이 불어오는 곳에 높은 둑을 쌓고 나무를 심어 바람을 막거나, 물이 밀려오는 곳에 방어용 둑을 쌓고 나무를 심어 보충하거나 견고하게 한다. 심지어 산이 필요한 곳이라면 조산造山이라고 해서 흙을 옮겨 산을 새로 만들기도 한다. 그야말로 '우공이산愚公移山'이라는 말이 어울리는 것이 바로 비보풍수다.

바람은 풍수에서 가장 중요한 물상이며 기의 흐름이다. 지나치게 가는 협곡을 통과한 바람은 해를 입히고 결국 작물도 말라죽게 하므로 인위적으로 보충하여 흙을 나르거나 나무를 심어 청룡과 백호를 높이 쌓아올려 바람막이를 한다. 또 산허리가 약하거나 잘려져 있고, 때로 지나치게 낮아 바람이 들어오는 것처럼 허하다면 잎이 잘 자라는 나무를 심어 숲을 만들어서 이를 보완한다. 이처럼 비보풍수는 지세가 허점이 있어 스스로 보호하지 못하는 풍수적 단점을 파악하고 자연을 도와 인공적으로 보충하고 고치는 것이다.

비보풍수는 단순히 민간에서 풍수적으로 사용된 것이 아니다. 궁궐에서, 국가에서 먼저 대대적으로 사용되었다.

경복궁을 지으며 멀리 보이는 관악산이 화형산火形山임을 헤아려 물을 다스리는 짐승인 해태를 배치한 것이 일례다. 뿐만 아니라 관악산 정상에는 못을 파서 관악산의 화기를 누르고자 하였으며 불을 먹는 석구石狗를 배치했다. 아울러 근정전 앞에는 넓은 물그릇 모양의 드므를 설치해 물을 가득 채워두고 화마가 다가오다가 물에 비친 자신의 모습을 보고 놀라 달아나기를 기대했다. 이처럼 궁궐 요소요소에 화기를 잠재우고자 했던 노력을 엿볼 수 있다.

숭례문의 세로 현판도 불을 막고자 한 비보풍수의 전형인데 글자의 특성을 이용했다는 것이 눈길을 끈다.

민간의 비보풍수도 궁궐의 그것에 뒤지지 않았다.

경상북도 의성군 점곡면 사촌리에는 약 1,000m 길이의 가로숲이 조성되어 있다. 달리 서림西林이라고도 하는 이 숲은 바람을 막기 위한 방품림이다. 고려 말 안동 김씨인 김자첨이 '서쪽이 허하면 인물이 나지 않는다'는 비보풍수에 기초해 조성한 것이다.

고려조에 도선국사의 건의를 받아들여 전국적으로 북탑을 세운 것도 비보풍수의 전형이다. 더욱이 가장 유교적인 지역으로 손꼽히는 안동의 비보로 불교의 탑이 이용될 정도였으니 비보풍수가 그만큼 절실했으며 폭넓게 사용되었음을 짐작할 수 있다.

조선조에는 전국적으로 비보풍수가 전개되니, 숲비보, 못비보,

장승비보가 생겨났으며, 민속신앙과 결합하게 되었다. 이에 장승, 솟대, 성석, 숲, 당목이 고을의 비보를 담당하는 사물이 되었다.

비보를 유형별로 살펴보면, 산천비보, 왕도비보, 고을비보, 마을비보 등이 있고 형태별로는 사탑비보, 숲비보, 조산비보, 장승비보, 못비보 등이 있다. 기능으로 살펴보면 수구막이, 보허, 화재방어, 수해방어, 흉상압승 등이 있어 민심을 안정시켰다.

일반적으로 물기를 이용해 비보하였으므로 비보풍수는 자연의 변형이나 차경, 보충으로 이루어지는 것이 많았지만 인간 개개인을 위한 비보도 사용되었다. 이러한 비보에는 글자 또는 색을 이용한 비보도 시도되고 사용되었다. 글자를 이용한 비보의 대표적인 예는 사찰의 글자다. 각 전각의 전殿자를 다양한 방법으로 사용해 비보하였다. 그 글자의 형태에 따라 비보를 의미하고 있는 오묘함이 있다. 개인적인 글자의 비보는 주로 인장에서 나타나는데, 인장의 글자 끝에 인印, 신信, 장章이라는 글자를 배치하는 것도 좋은 역할을 수행해달라는 일종의 비보적 문자이다. 우리의 이름 중에 한자는 비보적 목적을 지니고 있으며 글자 나름으로 비보해주거나 주변의 글자와 융합해 비보해주기도 한다. 이러한 글자를 맞추는 것을 성명학에서 자원오행이라 하는데 문자를 사용하고 배치함으로써 생기와 활기를 얻을 수 있다.

비보풍수

조선조에는 전국적으로 비보풍수가 전개되니, 숲비보, 못비보, 장승비보가 생겨났으며, 민속신앙과 결합하여 장승, 솟대, 성석, 숲, 당목이 고을의 비보를 담당하는 사물이 되었다.

풍수를 보조하는 그림

그림은 단순하게 보고 즐기는 대상일 수 있지만 풍수적으로도 매우 중요한 물상이다. 이 세상에 100% 만족스럽거나 완벽한 풍수는 없다. 아무리 좋은 설계가 이루어지고 친환경 소재를 사용해 자연 친화적인 방법으로 건물을 건축해도 부족한 부분은 반드시 나타나기 마련이다. 이러한 경우에는 그림이나 사진을 이용해 보충하거나 나쁜 기운을 막는다.

과거에는 마을이 허하면 마을 입구에 장승을 세우거나 큰 나무를 심어 기를 보충했다. 동구 밖에 느티나무나 거대한 은행나무가 있는 것은 모두 마을의 안녕을 위한 것이다. 또 마을의 한 방향이 허하면 그 방향으로 나무를 심거나 줄을 지어 심어 바람을 차단했다.

양택풍수에서는 이미 오래전부터 바람이 들어오는 허한 곳을 비보하는 방법으로 그림을 사용했다. 예를 들어 만일 산맥이 잘리거나 나무가 잘려서 통로처럼 뚫려 바람이 들어오면 배산임수의 법칙에 따

그림과 사진의 배치

비보용이 아닌 그림이나 사진을 걸 때는 알맞은 방향에 맞춰 걸어야 운기가 상승한다.

라 동쪽 방향에 산 그림을 걸어 인위적으로 산이 있다는 표식을 하는 것이다.

방향에 맞는 그림이 있다

집 안의 벽이 허전하면 삭막한 느낌이 든다. 때문에 단조로운 벽을 꾸미기 위해 그림을 많이 거는데, 이때 그림을 알맞은 방향에 맞춰 걸면 운기가 상승한다. 하지만 허한 곳을 막아주는 비보용으로 사용하는 그림이라면 방향을 따지지 않는다. 만일 남쪽의 산이 잘려 바람이 들어온다면 남쪽에 산 그림을 거는 것이다. 그러나 비보용이 아닌 그림을 걸 때는 방향을 생각하지 않을 수 없다. 단순히 벽이 있어 그림을 거는 것이라는 생각 자체를 바꿔야 한다.

어떤 경우에도 추상화는 풍수적으로 도움이 되지 않는 그림이므로 집 안에 걸지 않는다. 또한 그림을 비틀어 걸거나 기울여 걸지 않는다. 여러 개의 그림을 조합하여 추상적으로 만들거나 기하학적으로 조성하는 것은 가정에 어울리지 않는다.

그림을 거는 방식은 오행의 배치를 기준으로 한다. 예를 들어 동쪽은 오행상 목木의 기운이므로 나무, 벌판, 풀, 꽃과 같은 녹색 계열의 그림이 적합하다. 방향의 특성을 따지면 일본에서 가져온 그림이거나 일본 작가의 그림을 동쪽 방향에 건다.

남쪽 벽에는 밝은 기운이 드는 붉은색 계열의 그림을 건다. 모란,

진달래, 튤립처럼 분홍색 꽃잎이 많거나 붉은색 꽃의 그림이나 사진은 남쪽이 적당하다. 남쪽은 오행과 팔괘상 불을 의미하는 화火의 영역이다. 화의 색은 붉은색이므로 붉은색이 많이 들어간 그림은 남쪽이 좋다. 아울러 일본이나 필리핀, 인도네시아, 호주 작가들 그림이거나 그곳에서 가져온 그림도 남쪽 벽이 어울린다.

눈 덮인 산 그림이나 설원을 찍은 사진과 같이 흰색 면이 많거나 흰색이 주세가 되는 그림이나 사진은 서쪽에 거는 것이 좋다. 아울러 이탈리아, 프랑스, 영국, 베네룩스 3국(벨기에·네덜란드·룩셈부르크) 등의 유럽이나 아랍 등지 작가들의 그림이거나 그곳에서 가져온 그림은 서쪽 벽에 거는 것이 좋다.

러시아나 북한 작가의 그림이거나 그곳에서 가져온 그림은 당연히 북쪽에 걸어야 한다. 먹으로만 그려진 수묵화 계열의 그림, 검은색

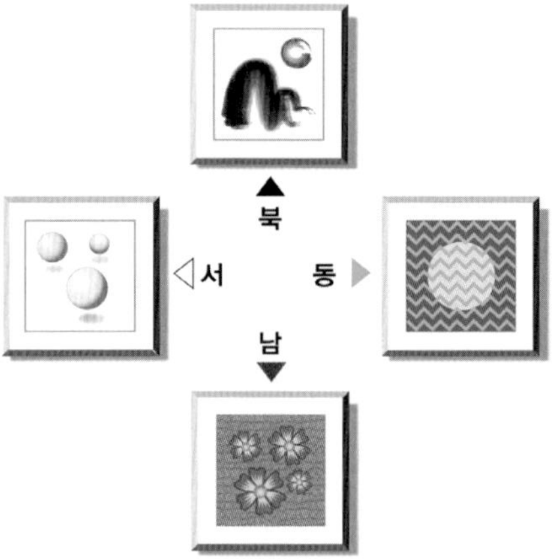

색상에 따른 배치

그림은 색상에 따라 방향을 정해 배치한다. 검은색 계열은 북쪽이고, 청색이나 녹색 계열은 동쪽이다. 붉은색 계열의 그림이나 사진은 남쪽으로 배치하고 백색 계열은 서쪽으로 배치한다.

이나 짙은 회색 계열의 유화, 밤하늘의 별을 찍은 사진 등은 북쪽에 거는 것이 좋다.

어느 나라 작가의 그림인지, 누가 그린 것인지 전혀 출처를 알 수 없는 그림이나 사진은 서남쪽이나 동북방에 걸어두면 운기가 자유로워지고, 집안에 재물이 쌓인다.

인테리어의 선택법

인테리어는 가구, 소품, 식물 등 다양한 요소를 적용하고 배치하며 응용하지만 가장 근본적인 것은 색色이다. 색이야말로 가장 기본적이고도 누구나 쉽게 적용할 수 있는 인테리어 방법인 것이다.

색상을 인테리어에 적용하는 방법에서 동양과 서양은 약간의 차이가 있다. 특히 동양에서는 모든 색을 오행의 원칙에 따라 적용·배색하고 있는데 수만 가지의 색을 5가지의 사상으로 통합하고 있다는 것이 중요하다. 따라서 인테리어에 풍수라는 개념을 적용하자고 한다면 가장 원초적이고 가장 근본적인 색을 살펴보지 않을 수 없다.

동양적인 인테리어 개념에서 어느 색을 적용하는가의 문제는 사주에 따른 것이다. 태어난 생년월일시를 따져 부족한 것을 보충하는 방법을 택할 것인지, 혹은 늘 필요한 기운에 해당하는 색을 택할 것인지에 따라 선택의 폭이 달라질 수 있다. 그러나 아무것도 알 수 없거나 중화가 필요하다고 생각하면 황토색 계열을 선택하는 것이 가장 무난하다. 모든 사물에는 어울리는 각각의 색이 있지만 이를 모두

통합하고 거드는 보조적인 의미로 쓰일 수 있는 색상이 바로 황토색 계열이다. 황토색 계열은 노란색, 미색, 베이지색과 같은 색상이 포함된다.

상황에 따라 색상을 선택할 수도 있다. 신혼의 단꿈을 즐기는 신혼부부의 집에는 아늑한 느낌을 주는 따뜻한 색상이 단연코 좋다. 따라서 아이보리 톤의 벽지, 가구 등을 인테리어에 활용한다. 만일 화사함을 원하는 사람이라면 따뜻한 느낌을 주는 노란색이나 연두색을 활용하면 좋다.

부록

실생활에 바로 적용하는 풍수 Q&A

Q 어린 아들 둘을 키우고 있습니다. 집에 장난감이 너무 많아 정신이 없는데요. 장난감 수납은 어떻게 하면 좋을까요?

A 풍수적으로 수납의 기본은 '보이지 않게 하는 것'입니다. 따라서 장난감의 경우에도 최대한 보이지 않게 수납하는 것이 중요합니다. 장난감 수납용 선반 등을 따로 마련하여 장난감이 서로 섞이지 않도록 종류별로 각각의 수납함에 넣어서 정리하는 것이 좋습니다. 일정 기간마다 아이들 스스로 장난감을 정리하고 처분하게 하면 아이가 물건에 대한 책임감을 키우는 데 도움이 됩니다.

Q 사무실을 개업했습니다. 선물로 난이 많이 들어왔어요. 어디에 두면 좋을까요?

A 난과 같은 식물은 날카로운 잎이 마치 칼을 연상시킵니다. 이러한 형상의 식물은 집 안이나 사무실에는 두지 않는 것이 좋습니다. 만약 자리에 앉았을 때 머리와 같은 위치에 난이 있다면 칼로 머리를 치는 형상이 되어 정신을 흩트려놓습니다. 산세비에리아도 같은 의미로 집 안에서 키우는 것은 역시 좋지 않습니다.

Q 거실에 물이 그려진 그림을 걸어두었습니다. 소파 뒤에 걸어두었는데 괜찮은 배치인가요?

A 원래 물의 그림은 배산임수가 적용되어 사람이 앉았을 때 앞쪽 방향에 걸어두는 것이 좋습니다. 마찬가지로 등 뒤로는 산 그림이 좋지요. 하지만 이를 반드시 지키기는 쉽지 않습니다. 거실이라면 비교적 괜찮습니다.

Q 집의 모양이 세모꼴입니다. 풍수적으로 좋지 않다고 들었는데 어떻게 기운을 비보할 수 있을까요?

A 비보 이전에 이사를 하거나 해서 가능한 피하는 것이 최우선입니다. 풍수지리에서 삼각형 집은 피할 수 없는 재앙, 혹은 사람이 죽는 집으로 풀이합니다. 따라서 처음부터 삼각형 집을 사는 것은 금물입니다. 비보한다면 내부와 외부에서 삼각형의 일부를 자르거나 넓히거나, 혹은 새롭게 개축 및 설계를 통해 삼각형의 한 꼭짓점을 두 개의 꼭짓점으로 넓혀 사각형 모양의 집이 되게 하는 것입니다.

Q 이사를 준비하고 있습니다. 길일에 맞춰 이삿날을 정하려고 하는데, 달력에 나와 있는 길일은 이삿짐센터가 가장 붐비네요. 이사는 꼭 길일에 가는 것이 좋은가요?

A 요즘 통용되는 길일은 우리나라 정통 풍수가 아닙니다. 자신에게 맞는 길일은 사람들마다 각각 다릅니다. 따라서 모두에게 공통으로 적용되는 길일이란 없습니다. 자신에게 맞는 길일을 찾는 것은 명리학으로 풀어야 하는 아주 복잡한 문제로, 한마디로 설명하기는 어렵습니다. 흔히 생기복덕生氣福德과 황도시黃道時라는 것을 적용하는데 요즘 통용되는 이삿날은 우리의 정통 명리나 택일법에 위배되는 점이 많습니다.

Q 화장대 위치를 옮기려고 합니다. 화장대 거울의 방향과 방문이 마주 보면 안 된다는 말을 들었습니다. 어디에 두면 좋을까요?

A 방 안에서 화장대의 위치는 매우 중요합니다. 침대에서 보이면 구설수가 납니다. 드레스룸이 있다면 문을 닫아주는 것만으로 충분하지만 침실에 배치되는 화장대는 발이 향하는 방향에 두지 않는 것이 가장 중요합니다. 발이 향하는 앞쪽에 두면 구설이 나고 창피를 당할 일이 생깁니다. 따라서 침대 머리의 반대쪽, 즉 발이 향하는 방향을 피하여 배치하는 것이 가장 좋습니다.
문을 향하면 화장대 거울에 복이 반사되어 도망간다고 합니다.

Q 동물 그림을 집 안에 걸어도 괜찮나요? 독수리나 부엉이 같은 새 그림을 걸고 싶습니다.

A 명리에 효신살梟神殺이라는 것이 있습니다. 이 말은 부엉이와 관련이 있는데요. 부엉이는 알이 부화되면 새끼 중 한 마리를 둥지에서 떨어뜨린다고 합니다. 그리고 나무에서 떨어진 새끼부엉이는 다 자란 뒤 어미를 찾아가 가슴을 쪼아 죽인다고 합니다. 만일 사주에 효신살이 들어 있는 경우 부엉이는 물론 새 그림도 좋지 않습니다. 지나치게 강한 존재의 그림은 심사숙고해서 집 안에 걸어야 합니다. 용의 그림도 그런 경우이지요.

Q 화장실이 어두워 조명을 설치하려고 합니다. 화장실 조명은 어떤 것이 좋나요?

A 예전에는 화장실에 어두운 조명을 많이 선택했습니다. 그러나 화장실 조명은 가능한 밝아야 좋습니다. 따라서 백열등이나 주광색 등 밝은 백색의 조명을 선택하도록 합니다.

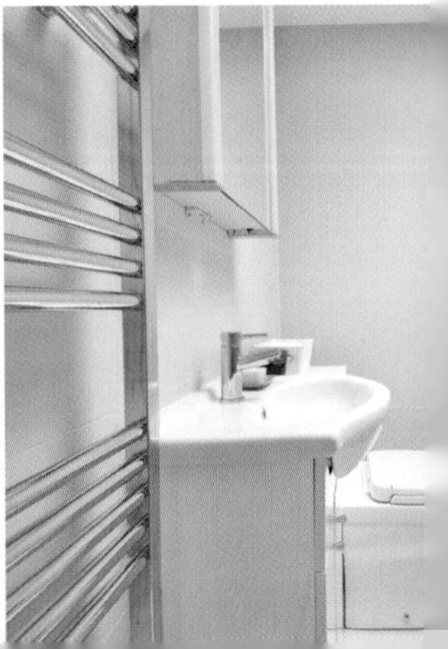

Q 신혼부부입니다. 요즘 유행하는 수납형 식탁(아일랜드 식탁)으로 주방을 꾸몄습니다. 조리대와 식탁, 그리고 수납장까지 겸하고 있어서 좁은 공간에 상당히 효율적이라고 생각하고 있습니다. 그래도 혹시 주의할 사항은 없을까요?

A 효율성과 풍수적 용도는 다릅니다. 음식 조리 시에 나는 냄새는 식사하는 동안 폐에 무리를 줍니다. 조리대나 물을 사용하는 공간은 가능한 건조하게 관리하시고 조리와 식사 시간을 분리하는 것이 좋겠습니다.

수납을 겸하는 것은 문제없지만, 날카로운 식도 등은 불행을 암시하므로 반드시 보이지 않는 곳에 수납하는 것이 좋습니다.

Q 현관 앞에 큰 거울이 있습니다. 붙박이로 설치된 것이어서 뗄 수도 없습니다. 현관 앞에 큰 거울이 있으면 안 좋다고 들었는데요. 만일 그렇다면 비보할 방법이 있나요?

A 문에서 안으로 들어갈 때 정면으로 보이는 거울은 재물과 돈을 반사하여 들어오지 못하게 한다고 합니다. 하지만 양옆에 배치하는 것은 문제가 없습니다.

붙박이라면 거울을 가리는 것이 방법입니다. 거울 대신 그림을 배치하는 것도 생각해볼 수 있겠습니다. 단 유리가 끼워진 그림도 거울과 같은 역할을 할 수 있으니 유리가 끼워지지 않은 그림을 걸도록 합니다.

Q 거실의 한 면을 통유리로 만들려고 합니다. 좋은 선택일까요?

A 최근 건축이 발달하고 재료가 다변화되면서 유리를 많이 사용하고 있습니다. 그러나 유리의 지나친 사용은 가상의 약화를 가져오므로 좋지 않습니다.

만일 전체가 아닌 거실의 한 단면이라면 그다지 문제없습니다. 그러나 전면이 큰 강이나 바다 등 물만 보인다면 좋은 선택이 될 수 없습니다. 통유리에는 커튼이나 블라인드를 설치해 지는 해를 가리는 것이 좋고 잎이 넓은 식물을 몇 가지 배치하는 것이 좋습니다.

Q 매립한 땅에 지은 집에서 살고 있습니다. 매립한 땅은 좋지 않다고 들었지만 바로 이사를 갈 수는 없습니다. 어떻게 비보할 수 있을까요?

A 어려운 문제입니다. 매립한 땅이 문제가 아니라 어떤 재료, 어떤 흙으로 매립한 것인지 파악해야 합니다. 만약 공동묘지의 흙이라면 죽은 사람의 유골이 딸려와 바닥에 묻혀 있을 수 있습니다. 이 경우는 비보를 할 수 없습니다. 화학공장의 터에서 가져온 흙이라면 화학물질이 다량 함유되어 있어 오랜 세월이 지난 후 발병이나 사고가 일어날 수 있습니다. 따라서 처음부터 좋은 흙으로 매립하는 것이 중요합니다.

Q 친구에게 해바라기가 그려진 그림을 선물로 받았습니다. 어디에 걸면 풍수적으로 좋을까요?

A 황토색이나 노란색은 토의 기를 가지고 있는 색상입니다. 토는 위장과 중심을 표방하고 운기를 돕는 색입니다. 따라서 노란색의 해바라기 그림은 주택의 중심부에 해당하는 부근에 거는 것이 풍수적으로 좋습니다.

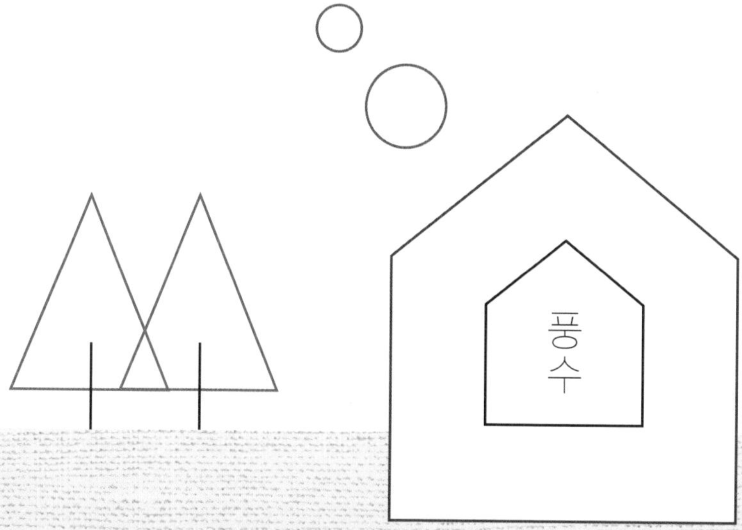

에필로그

책을 쓴다는 것은 어쩌면 세상에 스스로를 제법 많이 드러내는 것과 같다는 생각이 듭니다. 그래서인지 책 쓰기를 마치고 나면 크게 심호흡을 해도 좋다는 생각이 들지만 다시 생각하면 너무도 부족한 것은 아닌가 하는 아쉬움이 남습니다. 또 스스로 나약해지는 것 같기도 합니다.

글을 쓴다는 것은 긴 여행과도 같습니다. 글이란 단순히 컴퓨터의 자판만 두들긴다고 해서 이루어지는 것은 아닙니다. 많은 자료를 모아야 하고 또 그 자료를 이해해야만 합니다. 이야기의 줄거리를 만들고 여기저기 주인공을 배치해야 합니다.

풍수지리에 관한 책을 쓸 때면 어떻게 자료를 구성하고 또 어떤 캐릭터를 중심으로 이야기를 써나가야 할지 늘 고민입니다. 이런 고민을 털어놓다 보면 어떤 이는 간혹 '많은 책을 쓰는 사람이 엄살을 떤다'고도 합니다. 그러나 아무리 많은 책을 쓰고 쉼 없이 공부한다 해도 책의 내용은 늘 부족한 듯하고, 하고자 하는 이야기를 다 하지 못한 것 같은 진한 아쉬움이 남습니다. 그래도 다시 훑어보면 '할 말이 참 많았구나' 하면서 빙그레 웃어보기도 합니다.

세상에는 수많은 풍수지리 관련 서적이 있습니다. 그 옛날 중국의 한나라, 당나라, 명나라, 청나라 시대부터 오늘날에 이르도록 무수한 풍수지리 책이 만들어지고 지금 이 순간도 집필되고 있습니다. 이 땅에서도 마찬가지로 신라, 고려, 조선과 현대사회로 이어지며 풍수지리에 관한 수많은 서적이 집필되고 출판되었습니다. 최근에는 미국 등 서양에서도 풍수지리가 도입되어 더욱 많은 책들이 한자나 한국어가 아닌 영어와 독일어, 불어 등의 외국어로도 출판되고 있습니다.

어쩌면 이 책도 그처럼 수많은 풍수지리 책 가운데 하나일 수 있습니다. 그러나 이 책은 저에게 분신과도 같습니다. 그리고 저의 분신이 이제 세상에 나아가고자 합니다.

이 책을 쓰면서 옛것을 그 바탕으로 하되 변화하는 세상의 수많은 이야기를 수용하려고 애썼습니다. 물론 완벽하지 않을 수도 있습니다. 그러나 우리의 문화와 접목된, 우리의 문화를 표방할 수 있는 풍수지리의 이념을 살리고 싶었습니다.

풍수지리는 수천 년을 이어온 철학이며 생활과학입니다. 많은 사람이 경험하였고 삶 속에서 깨달은 내용을 모은 것입니다. 수많은 사람들의 경험과 이치를 살펴 만들어 놓은 현실적인 내용의 집합체이고 과학 이전의 철학입니다. 아무리 사회가 발달해도 결코 바뀌지 않는 불변의 진리인 것입니다.

아직도 글을 쓰기에는 목이 마릅니다. 많은 책을 읽고 많은 경험을 하고 책을 쓰려 하지만 때로 여러 가지 제약에 부딪히기도 합니다. 그럴수록 더 많이 공부하고 더 많은 책을 쓰고자 합니다. 그렇게 해서 더욱 많은 사람이 풍수지리를 인식할 수 있도록 도움을 주고 싶습니다.

이 책은 풍수지리라는 큰 틀에서 집을 꾸미는 인테리어에 관한 내용을 담고 있습니다. 되도록 많은 것을 담으려고 노력했지만 담지 못한 것이 더욱 많은 듯합니다. 하지만 그나마 담을 수 있는 내용이 있고 누군가 이 내용을 참고했으면 좋겠다는 바람입니다.

풍수지리는 하루아침에 만들어진 학문이 아닙니다. 인류가 지구상에 태어나 생존하고 세대를 이어가며 만들어낸 학문입니다. 한 권의 책으로 모두 배울 수 있는 것이 결코 아닙니다. 수천 년 이상의 역사를 가진 문화를 단 한 권으로 정리하기란 불가능합니다.

그 내용이 다소 강하거나 약하고, 충실하고 부실할 수는 있지만 그럼에도 불구하고 어느 것 하나 허투루 쓰인 책은 결코 없습니다. 풍수지리라고 하는 학문은 인간이 태초에 태어나 생활하면서 일구기 시작한 것이므로 그 끝은 아득하기만 합니다. 그러나 이 책이 풍수지리에 관한 기초가 될 수 있을 거라 생각합니다. 이제 이 책을 인간 세상에 내보내고자 합니다.

많은 사람이 풍수지리라는 학문의 한 단면만을 보고 풍수지리가 매우 단순하다거나, 어렵다거나, 쉽다거나, 혹은 알 수 없는 이야기를 할 수도 있습니다. 그러나 풍수지리는 생활과학입니다. 차분하게 들여다보면 대부분 이해할 수 있는 내용으로 이루어져 있습니다.

풍수지리에서 가장 중요한 것은 따로 있습니다. 허상이 아니라 진짜 모습을 보는 연습이 필요합니다. 양택을 살필 때도 가장 중요한 것은 이 집이 사람이 살 수 있는 집인가를 살피는 것입니다.

사람이 살아야 하는 양택을 사람과 짐승의 비교를 통해 이야기해 보겠습니다. 사람이라면 교육을 시키고 옷을 입히고 치장을 하여 사람답게 만들면 되지만 짐승이라면 아무리 치장을 해도 결코 사람이 될 수는 없습니다. 모든 만물을 파악하는 것이 크게 다르지 않듯이 양택 또한 그것이 사람인지 짐승인지 먼저 파악하는 것이 중요합니다.

양택의 근본은 사람이 살만한 집인가 하는 것에서 시작합니다. 지붕이 있어 명예를 추구할 수 있는 집인가? 집의 바닥이 땅에 붙어 있어 지기가 들어와 건강하고 재물이 쌓이는 집인가? 집의 모양이 단순하고 번듯하여 올바른 사람이 태어나는 곳인가? 등을 파악해야 합니다. 그 이후에 치장을 하여도 문제는 없다는 것입니다.

이 책을 마치고 이와 같은 이야기를 하는 게 겁이 나는 것은 이 책의 주된 이야기가 치장에 관한 것이기 때문입니다. 즉 인테리어란 양택의 근본이 아닌 치장을 이야기하는 것이기 때문입니다. 하지만 이 책을 쓰면서 치장에 관한 이야기와 함께 양택의 근본을 파악하는 법을 조금이나마 녹아내려고 애썼습니다. 그나마 다행스러운 일입니다.

풍수지리의 범위는 아주 넓습니다. 때문에 하루아침에 이루어지는 것은 아니지만 풍수지리의 학습은 어느 곳이든, 어느 시기이든, 어느 부분에서부터이든 제약이 없습니다. 배움을 시작하는 순간 풍수지리의 깊은 학문 체계가 우리 모두를 행복한 삶으로 이끌어줄 것입니다.

이제 이 책이 세상에 나아가 많은 사람들의 손에 펼쳐지고 누군가의 삶에 도움이 되기를 간절히 비는 마음으로 마침표를 찍습니다. 많은 사람에게 읽히고 도움이 되기를 바라는 마음 간절합니다.

轟轟軒에서 晟甫 안종선

중 앙 생 활 사 Joongang Life Publishing Co.
중앙경제평론사 | 중앙에듀북스 Joongang Economy Publishing Co./Joongang Edubooks Publishing Co.

중앙생활사는 건강한 생활, 행복한 삶을 일군다는 신념 아래 설립된 건강 · 실용서 전문 출판사로서
치열한 생존경쟁에 심신이 지친 현대인에게 건강과 생활의 지혜를 주는 책을 발간하고 있습니다.

풍수 인테리어 운명을 바꾼다 〈최신 개정판〉

초판 1쇄 발행 | 2016년 11월 22일
초판 3쇄 발행 | 2018년 4월 15일
개정초판 1쇄 발행 | 2020년 9월 20일
개정초판 3쇄 발행 | 2024년 3월 15일

지은이 | 안종선(JongSun Ahn)
펴낸이 | 최점옥(JeomOg Choi)
펴낸곳 | 중앙생활사(Joongang Life Publishing Co.)

대 표 | 김용주
책임편집 | 유라미
본문디자인 | Studio.mi

출력 | 케이피알 종이 | 한솔PNS 인쇄 | 케이피알 제본 | 은정제책사

잘못된 책은 구입한 서점에서 교환해드립니다.
가격은 표지 뒷면에 있습니다.

ISBN 978-89-6141-254-4(03590)

등록 | 1999년 1월 16일 제2-2730호
주소 | ㊥04590 서울시 중구 다산로20길 5(신당4동 340-128) 중앙빌딩
전화 | (02)2253-4463(代) 팩스 | (02)2253-7988
홈페이지 | www.japub.co.kr 블로그 | http://blog.naver.com/japub
네이버 스마트스토어 | https://smartstore.naver.com/jaub 이메일 | japub@naver.com
♣ 중앙생활사는 중앙경제평론사 · 중앙에듀북스와 자매회사입니다.

※ 이 도서의 국립중앙도서관 출판시도서목록(CIP)은 서지정보유통지원시스템 홈페이지(http://seoji.nl.go.kr)와
국가자료공동목록시스템(http://www.nl.go.kr/kolisnet)에서 이용하실 수 있습니다.(CIP제어번호: CIP2020027734)